重庆市生物多样性科普丛书

鸟瞰·山城

Niao Kan
Shan Cheng

陈竹　何强　主编

中国环境出版集团·北京

图书在版编目（CIP）数据

重庆市生物多样性科普丛书．鸟瞰山城 / 陈竹，何强主编．--北京：中国环境出版集团，2023.5

ISBN 978-7-5111-5504-7

Ⅰ．①重… Ⅱ．①陈… ②何… Ⅲ．①鸟类—生物多样性—重庆—图集 Ⅳ．① Q16-64

中国国家版本馆 CIP 数据核字（2023）第 077233 号

出 版 人 武德凯
责任编辑 田 怡
封面设计 彭 杉

出版发行 中国环境出版集团
（100062 北京市东城区广渠门内大街 16 号）
网　　址：http://www.cesp.com.cn
电子邮箱：bjgl@cesp.com.cn
联系电话：010-67112765（编辑管理部）
010-67112736
发行热线：010-67125803，010-67113405（传真）

印　　刷 玖龙（天津）印刷有限公司
经　　销 各地新华书店
版　　次 2023 年 5 月第 1 版
印　　次 2023 年 5 月第 1 次印刷
开　　本 787 × 960　1/16
印　　张 9.5
字　　数 120 千字
定　　价 188.00 元（全三册）

编委会

序言

Foreword

两千多年前，孔子教导弟子学《诗》，可以“多识于鸟兽草木之名”（《论语·阳货》）。审美教育和生态教育融合，由学《诗》识得鸟兽草木，从自然万物引发人情事理，可见圣人先贤朴素自觉的生态伦理观。近现代国学大师钱穆在《论语新解》中引申说道：“对天地间鸟兽草木之名能多熟识，此小言之也。若大言之，则俯仰之间，万物一体，鸢飞鱼跃，道无不在，可以渐跻于化境，岂止多识其名而已。”他认为孔子教人“多识于鸟兽草木之名”，实为亲近自然，开阔胸怀，到达仁德之境。

将时钟拨回现在，飞机、高铁、卫星、宇宙飞船，人们可以踏入更广阔的空间；广播、电视、手机、互联网，新型的传播方式串联起大千世界。时代变迁，但照耀过孔子的太阳依然升起，照耀着山川河流、照耀着鸟兽草木，照耀着你、照耀着我，照耀着自然万物、照耀着芸芸众生……

大自然因多样而多彩，因复杂而有趣。生物多样性让地球充满生机，是人类生存和发展的基础，更是人与自然和谐共生的生动体现。保护生物多样性有助于维护地球家园，促进人类可持续发展。

重庆位于青藏高原与长江中下游平原过渡地带，是长江上游重要生态屏障，地域内复杂多变的地形地貌、充沛的水热条件及众多的河流，孕育了丰富的生物多样性。全市分布有野生维管植物近 6000 种、陆生野生脊椎动物 800 余种、江河鱼类 180 余种，包括崖柏、珙桐、银杉、红豆杉、水杉、荷叶铁线蕨，黑叶猴、林麝、中华秋沙鸭、大灵猫、小灵猫，长江鲟、中华鲟、胭脂鱼、鲈鲤等珍稀物种。我们日常所见、易于接触的野花、蝴蝶、鸟类资源更是丰富而独特，为重庆这座“山城”“江城”增添无穷生趣。

“重庆市生物多样性科普丛书”是一套图文并茂的科普读物。在广泛田野调查基础上，筛选常见的近 100 种野花、50 种蝴蝶、50 种鸟类，从生物属性科普简介、观察方法技巧和鲜活生动的故事讲述等方面入手，真诚面向社会公众，用通俗易懂的文字、精美清晰的图片引领我们进入神奇的大自然，感受多样的生物物种，体味独有的地域特色。此书寓教于乐，可作为广大自然生态爱好者的科普读物，家庭亲子教育的书籍，各级生态文明示范学校的校本教材和环保志愿者科普教育、户外研学的参考资料。

近年来，为深学笃用习近平生态文明思想，全面贯彻落实党的二十大精神，重庆市生态环境宣传教育中心深耕厚植环境教育，致力于“生态文明进校园”工作，广泛开设生态环境教育“大课堂”。我们与重庆自然介公益发展中心一起策划出版此书，意在引导社会公众，尤其是广大青少年朋友，“多识于鸟兽草木之名”，激发探索自然、认识自然的兴趣，体会“万物各得其和以生，各得其养以成”的美好，增强“尊重自然、顺应自然、保护自然”的行动自觉，从而“像保护眼睛一样保护生态环境，像对待生命一样对待生态环境”。

重庆市生态环境宣传教育中心

2023 年 5 月

前言

Preface

编写这套丛书，源于这些年从事自然教育的经历。

刚接触自然教育时，倾心于其“通过体验，建立人与自然的连接，从而让人爱上 并保护自然”这个理念，自己在初涉一些户外体验活动的小技巧后，很快就飘飘然起来。一次，一位在领域深耕多年的老师来渝交流，海阔天空的交谈过程中，老师突然指着草地上一只重庆极常见的鸟真诚地问：“那是什么鸟？”看到我茫然的眼神，老师略有些惊讶，接着若有所思说：“自然观察是自然教育的基本功。”

这事让我感触颇深。连接也好、热爱也好，必定要建立在对自然足够熟悉和了解的基础之上。自然教育并不只是教人认识花鸟鱼虫，天地的大美、四时的明法、万物的成理，都得建立在大自然中一个个鲜活的、具体的故事之上，否则就只能是空洞的说教。所以通过各种途径认识、了解自然，建立自己感知自然的经验库、故事库，是每一个自然教育者最基本的素养。而“观察”，则是最简便易行的途径。

其实不仅仅是教育者，很多自然爱好者，或者孩子父母，也对了解大自然有迫切的需求和热情。

天地很大，从哪里入门？帮助教育者、自然爱好者、孩子父母快速入门，了解重庆本土动植物，便是编写这套“重庆市生物多样性科普丛书”的初衷。

为了让入门真正简单，我们选择了大多数人生活中最容易观察到且接受度很高的三个自然类群——野花、鸟类和蝴蝶作为开始。当然“野花”并不是一个严格的分类学意义上的词汇，只是从公众可以接受的角度，泛指那些并非人工有意种植的，能开出有一定观赏价值的“花”的植物而已。具体的物种也主要结合我们的日常观察以及相关文献，挑选常见物种。语言上，尽量减少枯燥乏味的专业术语，取而代之的是更口语化的、描述性的语言。考虑到主要阅读群体是重庆的自然爱好者，因此尽量突出重庆的地域特点，也正因为聚焦特定地域的特定类群，入门起来也会轻松很多。

这套丛书也是重庆人了解本土生物多样性的绝佳读物。关注身边那些充满生存智慧的植物、行为有趣的鸟类、姿态翩然的蝴蝶，会让人发现，原来小区里面不仅仅有麻雀，原来自己看不上的野草却是蝴蝶苦苦寻找的“面包”；会让人发现一个精彩绝伦、丰富多彩的野生动植物世界，并会由衷感叹这一切的可贵和美好。我想，从这个角度去认识和体验生物多样性，比任何教科书都生动、可贵。

这套丛书完成于 2019 年，一直仅作为内部资料供爱好者参阅。此次感谢重庆市生态环境宣传教育中心的大力支持，认可这套丛书在生物多样性保护宣传方面的价值，并促成了这套丛书正式出版，让它们有了服务更多读者、发挥更大作用的机会。

这套丛书的完成，还要特别感谢一直支持、关心生态环保宣教工作的袁兴中教授。袁老师不仅就书稿的编写给我们提出了专业意见，更一直热情洋溢地鼓励我们将自己的经验汇集成书。此外，还要特别感谢一直在不遗余力地推动自然教育事业的兰雪莲女士。这是一切的源始。

在本书编写中，我们还得到了重庆自然博物馆刘文萍老师、重庆观鸟会危骞老师、中国科学院西双版纳热带植物园曾思源的无私帮助和耐心指导。重庆大学杨永川教授、重庆师范大学何海教授给我们提供了宝贵的意见和建议。重庆自然博物馆张虹老师、西南大学附属中学罗键老师、蝴蝶爱好者傅礁老师亦对我们热情鼓励并提供了帮助。在此表示衷心的感谢！

编者（陈竹 / 重庆自然介公益发展中心　理事长）

2023 年 5 月 4 日

目录

catalogue

第一部分 鸟类基本知识

一、鸟的基本结构 // 2
二、鸟的生态类群 // 3

第二部分 怎样观鸟

一、观鸟装备介绍 // 18
二、观鸟小技巧 // 20
三、鸟的“衣、食、住、行” // 22
四、观鸟准则 // 24

第三部分 重庆常见鸟类图说

灰胸竹鸡 // 29
雉　鸡 // 31
绿头鸭 // 33
小鸊鷉 // 35
夜　鹭 // 37
池　鹭 // 39
牛背鹭 // 41
苍　鹭 // 43
白　鹭 // 45
普通鸬鹚 // 47
普通鵟 // 49
黑水鸡 // 51
白骨顶 // 53

矶　鹬　// 55
山斑鸠　// 57
珠颈斑鸠　// 59
噪　鹃　// 61
普通夜鹰　// 63
普通翠鸟　// 65
戴　胜　// 67
斑姬啄木鸟　// 69
棕背伯劳　// 71
灰卷尾　// 73
灰喜鹊　// 75
红嘴蓝鹊　// 77
黄腹山雀　// 79
大山雀　// 81
领雀嘴鹎　// 83
黄臀鹎　// 85
白头鹎　// 87
绿翅短脚鹎　// 89
家　燕　// 91
金腰燕　// 93
棕脸鹟莺　// 95
红头长尾山雀　// 97
红头穗鹛　// 99
白颊噪鹛　// 101
棕头鸦雀　// 103
栗颈凤鹛　// 105
暗绿绣眼鸟　// 107
八　哥　// 109
丝光椋鸟　// 111
灰椋鸟　// 113
乌　鸫　// 115
鹊　鸲　// 117
北红尾鸲　// 119
红尾水鸲　// 121
叉尾太阳鸟　// 123
山麻雀　// 125
麻　雀　// 127
白腰文鸟　// 129
灰鹡鸰　// 131
白鹡鸰　// 133
树　鹨　// 135
黑尾蜡嘴雀　// 137
金翅雀　// 139

主要参考文献　// 140

第一部分
鸟类基本知识

一 鸟的基本结构

鸟类身体的基本结构见下图。

▲鸟的身体基本结构

二 鸟的生态类群

根据生态习性和形态特点，我国鸟类可分为六大生态类群：涉禽、猛禽、陆禽、攀禽、鸣禽、游禽。

No.1 涉禽

涉禽包括鹭类、鹳类、鹤类和鹬类等。

特点： 腿特别细长，颈和脚趾也较长，适于涉水行走。休息时常一只脚站立，大部分是从水底、污泥中或地面获得食物。

重庆常见的涉禽： 夜鹭、池鹭、牛背鹭、苍鹭、白鹭、矶鹬。

▲夜鹭

▲白鹭

No.2 猛禽

猛禽包括鹰形目、隼形目和鸮形目的所有种，它们都是掠食性鸟类。

位于食物链的顶层，扮演了十分重要的角色。猛禽数量比其他类群少，种群比较脆弱。在我国，所有猛禽均为国家级保护野生动物。

重庆常见的猛禽：普通鵟。

▲普通鵟

No.3 陆禽

陆禽包括鸡形目和鸽形目的鸟类。

特点： 主要在地面上活动，一般不擅长飞行。

重庆常见陆禽： 灰胸竹鸡、雉鸡、珠颈斑鸠、山斑鸠。

▲雉鸡

▲灰胸竹鸡

No.4 攀禽

攀禽包括鹦形目、鹃形目、雨燕目、咬鹃目、夜鹰目、佛法僧目、犀鸟目、䴕形目等所有种。

▲普通翠鸟

▼戴胜

▲斑姬啄木鸟

▲普通夜鹰

特点：脚大多短且有力。

重庆常见的攀禽：普通翠鸟、普通夜鹰、斑姬啄木鸟等。

No.5 鸣禽

鸣禽数量繁多，包括雀形目。

特点：发声器通常很发达，擅长发多种声音。

重庆常见的鸣禽：棕背伯劳、灰喜鹊、红嘴蓝鹊、麻雀、金腰燕、家燕等。

▼棕背伯劳

▲红嘴蓝鹊

▲灰喜鹊

▲金腰燕

No.6
游禽

游禽包括雁形目、潜鸟目、䴙䴘目、鹱形目、鹈形目、鸥形目、企鹅目的所有种。

特点： 脚有蹼，擅游泳。

重庆常见的游禽： 绿头鸭、小䴙䴘、普通鸬鹚等。

▲小䴙䴘

▲普通鸬鹚

▲绿头鸭

▲绿翅鸭

第二部分
怎样观鸟

一 观鸟装备介绍

遮阳帽

双肩包

望远镜

长焦相机

鸟类图鉴

笔记本和笔

不鲜艳的衣服

水和干粮

二 观鸟小技巧

发现鸟后，先用眼睛观察鸟的位置，看一看附近是否有较大、较明显的物体，将其作为参照物，记住参照物和鸟的位置。用望远镜找到参照物，然后根据参照物的位置找到鸟的位置。

三 鸟的“衣、食、住、行”

衣

（1）颜色：鸟的身体整体是什么颜色，局部是什么颜色。

（2）体长：鸟的身体平放后，从鸟嘴到尾的距离。

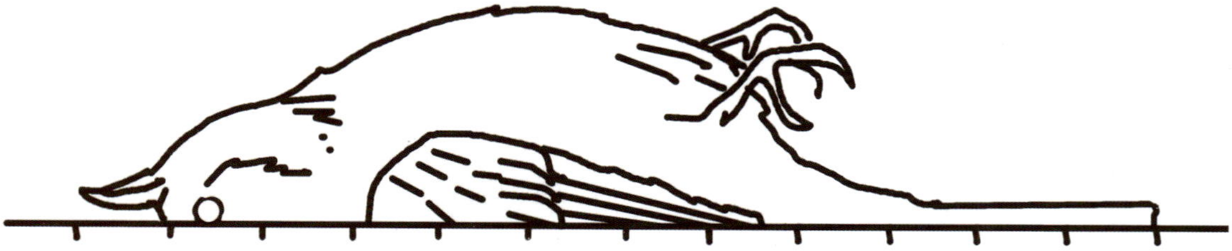

▲可通过常见参照物进行估算，一般来说，成年麻雀体长约 14 厘米、八哥体长约 25 厘米、鸽子体长约 32 厘米

食

鸟喙的形状对应吃什么食物。

住

生活在树上、灌木丛、地面、水里等。

行

鸟的行为。

四 观鸟准则

（1）野外观鸟时，应穿着贴近环境颜色（如迷彩、绿色、咖啡色）的衣服，避免穿颜色过于鲜艳的衣服。

（2）观鸟过程中，动作要轻，避免惊扰到鸟类。

（3）与鸟类保持一定距离，不追逐、惊扰鸟类。

（4）遇到鸟类筑巢或育雏，请远观，靠近可能会让亲鸟* 弃巢。

（5）观鸟时应该走在道路上，避免对鸟类栖息地造成破坏。

*亲鸟为幼鸟的双亲。

▲丝光椋鸟

第三部分
重庆常见鸟类图说

▲灰胸竹鸡

灰胸竹鸡

灰胸竹鸡

鸡形目 > 雉科　Chinese Bamboo Partridge

学名　*Bambusicola thoracica*

衣

体长约 33 厘米。额头、颈部蓝灰色，脸、喉部棕色。胸部有一块灰色，故称灰胸竹鸡。雌雄相似，雄鸟脚上有距。虹膜为红褐色，嘴为褐色，脚为绿灰色。

食

主要以植物种子为食，也吃昆虫。

住

常见于城市公园树下，如鸿恩寺森林公园、照母山森林公园。

行

它们的叫声听来像重庆话的“你不乖！你不乖”。城市的公园中常常听到它们的叫声，却不那么容易看到它们。因为它们很喜欢藏在草丛中一动不动。它们飞行能力不强，一般很少飞。如果隐蔽起来，耐心等待，也许就可以看到它们飞到低矮的树枝上，或出来散步。

▲雉鸡（雄）

▲雉鸡（雌）

雉　鸡

鸡形目 > 雉科　Common Pheasant

学名　*Phasianus colchicus*

衣

雄鸟体长约 85 厘米。体形较家鸡略小，但尾长而尖。雄鸟头呈绿色，有金属光泽，头顶两侧各有一束能耸立起的耳羽簇，眼睛一圈是鲜红色。雌鸟体长大约 60 厘米，全身有浅褐色横斑纹。虹膜为黄色，嘴为角质色，脚偏灰。

食

吃植物果实、种子，也吃昆虫。

住

常见于城市公园灌丛与草地中，如照母山森林公园、铁山坪森林公园。

行

走在照母山森林公园里，可能会遇到一只长尾巴的山鸡，从你面前飞过，边飞边发出“咯咯咯”的叫声，还有翅膀扇动的“扑扑”声，这就是雉鸡。雉鸡脚力强，善于奔跑，特别是在灌丛中奔走速度极快，也擅长躲藏，所以它们保持安静时不那么容易被看到。有时它们躲在路边灌丛里，有人经过时，就会受惊飞起来，不过飞行时间短且飞不远。

▲绿头鸭（雄）

▲绿头鸭（雌）

绿头鸭

雁形目 > 鸭科　Mallard

学名　*Anas platyrhynchos*

衣

体长约 58 厘米，外形大小和家鸭相似。雄鸟头和颈部深绿色，颈部有一圈明显的白色领环，胸为栗色，尾羽向上卷曲成钩状。雌鸟全身褐色，有深色的贯眼纹。绿头鸭虹膜为褐色，嘴为黄色，脚为橘黄色。

食

主要以植物的叶、芽、茎以及水藻和种子等为食，也吃软体动物、水生昆虫等。

住

在冬季常见于江、河、湖，如嘉陵江边。

行

绿头鸭很喜欢群体活动，多的时候可以达上万只。冬天在江边或湖边可以看到它们在水里游泳，还时常发出“嘎嘎嘎”的叫声，响亮清脆，很远都可以听见。如果在水边或岸上看到休息的绿头鸭，会发现它们在睡眠中可以睁一只眼闭一只眼，这样可以帮助它们及时发现危险并逃脱。

▲小䴙䴘（繁殖羽）

▲小䴙䴘（非繁殖羽）

小䴙䴘

䴙䴘目 > 䴙䴘科　Little Grebe

学名　*Tachybaptus ruficollis*

衣

体长约 27 厘米。

繁殖羽：喉及前颈偏红，头顶及颈背深灰褐色，下体偏灰，嘴基有明显的米黄色，看起来似笑非笑。

非繁殖羽：上体灰褐色，下体白。

幼鸟：有头纹，后背有纵纹，嘴肉色。虹膜为黄色，嘴为黑色，脚为蓝灰色，趾尖呈浅色。

食

以水中的小鱼、小虾或昆虫为食。

住

常见于城市公园、校园、小区的湖里，如彩云湖国家湿地公园、照母山森林公园。

行

在城市公园可以看到一个小身影，在湖里游来游去，还会突然潜入水里。它有时在水上边游边发出类似“哈哈哈”的叫声，很远都能听到，这就是小䴙䴘啦。重庆人叫它“水鸭子”，其实它不是一种鸭子，和鸭子的关系非常远。

它的脚长在靠近臀部的位置，所以很善于游泳和潜水，也因此很少上岸（因为行走不便）。当它发现有人靠近时，会一头扎进水里，一下子潜出好远才重新浮出水面。它起飞笨拙，在水面起飞时需要踏水助跑一段距离。

▲夜鹭

▲夜鹭亚成鸟

夜 鹭

鹈形目 > 鹭科　Black-crowned Night Heron

学名　*Nycticorax nycticorax*

衣

体长约 61 厘米。头顶到背都是黑色，颈部和胸部都是白色。头顶上有两条白色丝状羽毛。繁殖期腿会变成红色。幼鸟体长与成鸟一样，上体灰褐色，翅膀上有星星点点分布的白色斑点。雌雄相似。虹膜为鲜红色，嘴为黑色，脚为黄色。

食

主要以鱼、蛙、虾、水生昆虫等动物性食物为食。

住

常见于城市公园，如彩云湖国家湿地公园。

行

在彩云湖国家湿地公园，可以看到夜鹭三三两两地站在湖中的浮床上休息，缩着脖子很长时间一动不动，身体呈驼背状。若没有干扰或未受到威胁，一般不离开。有船经过才起飞，边飞边叫，叫声单调而粗犷。早晨和傍晚比较活跃。

有资料显示夜鹭是一种很聪明的鸟类，会用鱼饵钓鱼 。捕鱼时，夜鹭会先把野果扔在水里，然后在岸上等待。一旦发现猎物，它就会迅速地冲入水中，饱餐一顿。但目前还没有观察到彩云湖国家湿地公园里的夜鹭有这种行为。

▲池鹭

池 鹭

鹈形目 > 鹭科 Chinese Pond Heron

学名 *Ardeola bacchus*

衣

体长约 47 厘米。翼白色，身体具褐色纵纹。繁殖羽的头、颈和胸栗红色，冠羽有几条羽毛端部呈分散状，背紫黑色，肩间有分散的蓝黑色蓑羽并向后伸至尾羽末端。飞翔时两翅和尾的白色与体背褐色对比明显。雌雄相似，雌鸟体形略小。虹膜为褐色，嘴为黄色，腿、脚为绿灰色。

食

以鱼类、蛙、昆虫为食。

住

常见于城市公园水边，如彩云湖国家湿地公园、照母山森林公园。

行

池鹭经常站在水边或浅水中，缩着脖子“发呆”。声音是低沉的“呱呱”声，一般不发声。远看与夜鹭的未成年鸟有点像，但池鹭羽毛上没有白色斑点。

▲牛背鹭

牛背鹭

鹈形目 > 鹭科 Cattle Egret

学名 *Bubulcus ibis*

衣

体长约 50 厘米。体形较肥胖，喙和颈较短粗。全身白色，繁殖期头部、颈部、胸部变成橙黄色。雌雄相似。虹膜为黄色，嘴为黄色，腿为暗黄近黑色。

食

是唯一不以鱼为主食而是以昆虫为主食的鹭类，也捕食蜘蛛、黄鳝、蚂蟥和蛙等。

住

常见于城市公园树上、农田里，如彩云湖国家湿地公园。

行

远看与白鹭相似，不过看嘴和脚的颜色很容易区分。牛背鹭休息时会站在树上，因为喜欢站在牛背上或跟随在耕田的牛后面啄食翻耕出来的昆虫和牛背上的寄生虫而得名。性格温驯，不怕人，活动时寂静无声。飞行时与其他鹭一样缩着脖子，飞行高度较低，沿直线飞行。

▲苍鹭

苍 鹭

鹈形目 > 鹭科　Grey Heron

学名　*Ardea cinerea*

衣

体长约 92 厘米。上半身主要为灰色，腹部为白色。成鸟的过眼纹及冠羽呈黑色，飞羽、翼角及两道胸斑为黑色，头、颈、胸及背为白色，颈部有黑色纵纹，余部为灰色。雌雄相似。幼鸟头颈偏灰，头部无黑色。虹膜为黄色，喙为黄绿色，脚偏黑色。

食

主要捕食鱼及青蛙，也吃小型哺乳动物和鸟。

住

常见于城市公园水边，如彩云湖国家湿地公园。

行

是重庆能见到的体型最大的鹭，与白鹭、夜鹭站在一起能看出体型相差很大。因为体型大，飞行时拍翅缓慢。苍鹭喜欢独自、长时间在水边站立不动，缩着脖子。觅食最为活跃的时间是清晨和傍晚，晚上成群在高大的树上休息。

它们一动不动、长时间地站立等候过往鱼群，两眼紧盯着水面，一见鱼类或其他水生动物到来，立刻伸直脖子抓住食物，行动极为灵活敏捷。因为经常站在一个地方等候食物长达数小时，故有“长脖老等”之称。叫声为“呱呱”。

▲白鹭非繁殖羽

▲白鹭繁殖羽

白　鹭

白
鹭

鹈形目 > 鹭科　Little Egret
学名　*Egretta garzetta*

衣

体长约 56 厘米。体形纤瘦，全身白色。繁殖羽枕部有细长饰羽，前颈和背着生蓑羽，眼先裸皮呈淡粉色。非繁殖羽无饰羽及蓑羽，眼先裸皮黄绿色。雌雄相似。虹膜为黄色，嘴为黑色，脚、腿为黑色，趾为黄色。

食

主食是小鱼、黄鳝、泥鳅、蛙、虾、水生昆虫等，也吃少量谷物等。

住

常见于城市公园水边、湖边树上，如彩云湖国家湿地公园、照母山森林公园。

行

与其他鹭鸟一样，喜欢缩着脖子，单腿站立，长时间呆立不动，行走时步履轻盈、优雅。性格较大胆，不怕人。觅食时，常将脚放入水中搅动，捕食被惊吓出来的鱼。捕捉到鱼，会将鱼嘴对着它的嘴，一口吞下，下咽时可以看到脖子鼓起又瘪下去的过程。

▲普通鸬鹚

▲普通鸬鹚

普通鸬鹚

鲣鸟目 > 鸬鹚科 Great Cormorant

学名 *Phalacrocorax carbo*

衣

体长约 90 厘米。全身黑色，脸颊和喉部白色。繁殖期头颈有白色丝状羽，两胁有白斑。幼鸟深褐色，下体污白。 虹膜为蓝色，嘴为黑色，下嘴基裸露皮肤呈黄色，脚为黑色。

食

以各种鱼类为食。

住

常见于重庆江边，偶见于城市公园湖里，如彩云湖国家湿地公园。

行

若在江边看到黑色的大鸟长时间打开双翅，可能就是普通鸬鹚。普通鸬鹚擅长游泳和潜水，特别是潜水，可以潜到十几米的深度捕鱼。休息时一动不动地站在水边岩石上或树上。潜水后翅膀会湿，所以需要打开两翅晾晒。飞行能力很强，一般成群排成队形飞，让人误以为是大雁。它们飞行时头颈向前伸直，脚向后伸，两翅缓慢扇动。

▲普通鵟

普通鵟

鹰形目 > 鹰科　Eastern Buzzard

学名　*Buteo japonicus*

衣

体长约 55 厘米。上体深红褐色，下体偏白有棕色纵纹。飞行时翅膀宽又圆，可以看到白色斑块，尾散开呈扇形，尖端有黑色横纹。翱翔时两翅微向上举呈浅“V”字形。

食

以森林鼠类为食，也吃蛙、蜥蜴、蛇、野兔、小鸟和大型昆虫等。

住

常见于城市公园上空，如照母山森林公园、铁山坪森林公园。

行

普通鵟是重庆常见的一种猛禽，擅长飞翔，会利用空气热气流盘旋上升，每天大部分时间都在空中盘旋滑翔，可以悬停在空中振翅。休息时常停在裸露的树枝上。

▲黑水鸡

黑水鸡

黑水鸡

鹤形目 > 秧鸡科　Common Moorhen

学名　*Gallinula chloropus*

衣

体长约 31 厘米。全身青黑色，只有两肋和尾巴下面有白色斑块。嘴和额甲色彩鲜艳。脚上部有一鲜红色环带。雌雄相似。虹膜为红色，嘴为暗绿色，嘴基为红色，脚为绿色。

食

以水草、小鱼虾、水生昆虫等为食。

住

常见于城市公园或野外水域，如彩云湖国家湿地公园、照母山森林公园。

行

黑水鸡是全能选手，会游泳、潜水和飞行，不过都不算特别擅长。起飞时需在水面助跑。黑水鸡还会上树，有时会飞到树上休息。在陆地或水里尾巴会不停上翘。

▼白骨顶

白骨顶

鹤形目 > 秧鸡科　Eurasian Coot

学名　*Fulica atra*

衣

体长约 40 厘米。全身深黑色，额甲为白色。翅短圆，有很特别的瓣蹼足。虹膜为红色，嘴为白色，脚为灰绿色。

食

主要吃水草，也吃昆虫、蠕虫等。

住

常见于城市公园或野外水域，如彩云湖国家湿地公园、照母山森林公园。

行

远看容易认成黑水鸡，不过通过其白色的嘴，就可以确定是白骨顶了。它们喜欢成群活动，并且喜欢和其他水鸟混群。

白骨顶擅长游泳和潜水，一天大部分时间都在水中。遇到危险，会潜入水中，或是进入旁边的芦苇丛和水草丛中躲避，但不久又出来，危急时则迅速起飞，起飞时需在水面助跑，翅膀迅速拍动，并发出“呼呼”声响。通常飞不多远又落下，而且多贴着水面或芦苇丛低空飞行。鸣声短促而单调，似“咔咔咔”。

▲矶鹬

矶　鹬

鸻形目 > 鹬科　Common Sandpiper

学名　*Actitis hypoleucos*

衣

体长约 20 厘米。上体褐色，下体白色，嘴短。飞行时翅膀上有白色横纹。雌雄相似。虹膜为褐色，嘴为深灰色，脚为浅橄榄绿色。

食

主要以昆虫为食，也吃螺、蠕虫等无脊椎动物和小鱼。

住

常见于城市公园水域、溪流边，如彩云湖国家湿地公园。

行

矶鹬体型较小，跟鹭鸟待在同一个地方，不走动时，不容易看到它。行走缓慢，还不停地上下“点头”。受惊后立刻起飞，沿水面低飞，飞行时两翅朝下扇动，身体呈弓形。经常边飞边叫，叫声似“叽叽叽”。下落时滑翔，翅膀僵直。

▲山斑鸠

▲山斑鸠

山斑鸠

鸽形目 > 鸠鸽科　Oriental Turtle Dove

学名　*Streptopelia orientalis*

衣

体长约 32 厘米，重庆人经常称它们为野鸽子。山斑鸠和鸽子长得很像，但是体型比鸽子要“苗条”一点。脖子两侧有黑白相间的条纹，翅膀上布满漂亮的扇贝状羽毛。雌雄相似。虹膜为黄色，嘴为灰色，脚为粉色。

食

主要吃各种植物的果实、种子和嫩叶，偶尔也抓小虫子吃。

住

常见于城市公园，如照母山森林公园、铁山坪森林公园。

行

与珠颈斑鸠相似，可以脖子的花纹区分。山斑鸠喜欢在树林的地面觅食，也会到道路上，惊起时飞到附近的树上，叫声似“咕咕、咕咕”。

▼珠颈斑鸠

珠颈斑鸠

鸽形目 > 鸠鸽科　Spotted Dove

学名　*Spilopelia chinensis*

衣

重庆人称珠颈斑鸠为野鸽子，和鸽子长得很像，但是体型比鸽子要“苗条”得多。体长约 30 厘米，脖领黑色，上面布满白色的斑点，像披着珍珠披肩。雌雄相似。虹膜为橘黄色，嘴为黑色，脚为红色。

食

主要吃各种植物的果实、种子和嫩叶，偶尔也抓小虫子吃。

住

常见于城市公园、小区地面或树上，如彩云湖国家湿地公园、鸿恩寺森林公园、照母山森林公园。

行

珠颈斑鸠的胆子大，喜欢在树林的地面和路边觅食，也喜欢在小区楼顶漫步。人离得很近才飞到旁边的树上，起飞的时候有很大的扑翅声，叫声一般是“咕咕咕”。

▲噪鹃（雄）

▲噪鹃（雌）

噪　鹃

噪鹃

鹃形目 > 杜鹃科　Asian Koel

学名　*Eudynamys scolopaceus*

衣

体长约 42 厘米。雄鸟全身黑色。雌鸟灰褐色，并满布整齐的白色小斑点。虹膜为红色，嘴为浅绿色，脚为蓝灰色。

食

主要以植物果实、种子为食，也吃昆虫及昆虫幼虫。

住

常见于城市公园及小区，如鸿恩寺森林公园。

行

重庆春天和夏天很容易听到一种叫声，似“苦—哦”声。这种喜欢“叫苦”的鸟就是噪鹃。噪鹃喜欢单独活动，常隐蔽于大树顶层茂盛的枝叶丛中，若不鸣叫，很难被发现。若有干扰，会立刻飞到另一棵树上再叫。

▲普通夜鹰

普通夜鹰

普通夜鹰

夜鹰目 > 夜鹰科　Jungle Nightjar

学名　*Caprimulgus indicus*

衣

体长约 28 厘米。普通夜鹰体几乎全为暗褐斑杂状，喉及翅膀有白斑。雌鸟白斑偏黄色。虹膜为褐色，嘴偏黑，脚为巧克力色。

食

在夜晚捕食空中的飞虫，如蚊子和蛾子。

住

春夏夜晚在城市公园、小区容易听到普通夜鹰的叫声，偶尔在枯树顶和电线杆顶能看到普通夜鹰活跃的身影。

行

春夏季晚上总能听到一种很响亮的声音，像儿童激光枪一样的“哒哒哒”声，整晚不停，这就是普通夜鹰在叫。普通夜鹰白天趴在树枝上睡觉，体色和树干颜色相似，很难被发现，黄昏和晚上才出来活动，尤以黄昏时最为活跃，大张着嘴，不停地在空中盘旋飞行捕食蚊子等，飞行速度快且无声。

▲普通翠鸟（雄）

▲普通翠鸟（雌）

普通翠鸟

普通翠鸟

佛法僧目 > 翠鸟科　Common Kingfisher

学名　*Alcedo atthis*

衣

体长约 15 厘米，上体金属浅蓝绿色，颈侧有白色斑点；下体橙棕色，耳后有白斑。幼鸟色黯淡，具深色胸带。雌雄相似。虹膜为褐色，嘴为黑色（雄鸟），下颚为橘黄色（雌鸟），脚为红色。

食

以小鱼为食，兼吃虾、水生昆虫。

住

常见于城市公园水边，如彩云湖国家湿地公园、照母山森林公园、鸿恩寺森林公园。

行

欣赏湖景时，湖面掠过一道蓝色闪电，这就是普通翠鸟。普通翠鸟喜欢单独活动，一般停在水边树桩或岩石上。经常长时间一动不动地注视着水面，有时也会拍动两翼悬停在空中，一见水中鱼虾，迅速而凶猛地扎入水中用嘴捕取。通常将猎物带回栖息地，在树枝上或石头上摔打后，再整条吞食。普通翠鸟扎入水中后，还能保持极佳的视力，因为它的眼睛进入水中后，能迅速调整因为光线造成的视角反差，所以其捕鱼本领很强。鸣声音调高，是连续的“吱吱”声。

▲戴胜

▲戴胜

▲戴胜

戴　胜

戴胜

犀鸟目 > 戴胜科　Common Hoopoe

学名　*Upupa epops*

衣

体长约 30 厘米。头顶羽冠长而尖，可以打开呈扇形，尖端为黑色。全身颜色为棕红色。两翼及尾部有黑白相间条纹。嘴长且下弯。雌雄相似。虹膜为褐色，嘴为黑色，脚为黑色。

食

主要吃地面上的各种昆虫、蠕虫。

住

常见于城市公园地面、树上，如照母山森林公园、鸿恩寺森林公园。

行

注意观察公园空旷的草坪，也许就能看到一只符合上面外形描述的鸟，在地面慢慢地走，边走边“点头”，时不时停下用嘴在地面翻动寻找食物，这种鸟就是戴胜。戴胜找到虫子后，猛地甩头将虫子抛起，并张开嘴吞入。戴胜的飞行方式为大波浪式前进。若遇天敌，戴胜会从尾脂腺分泌出一种黑褐色油状液体，气味恶臭，让天敌“掩鼻而逃”。戴胜的鸣声似“扑—扑—扑”，粗壮而低沉。

▲斑姬啄木鸟

斑姬啄木鸟

斑姬啄木鸟

䴕形目 > 啄木鸟科　Speckled Piculet

学名　*Picumnus innominatus*

衣

体长约 10 厘米。体型小巧的啄木鸟，背至尾部是橄榄绿色。脸及尾羽有黑白条纹，下体有很多黑色斑点。雌雄相似，但雄鸟前额为橘黄色。虹膜为褐色或红褐色，嘴为灰黑色，脚为灰色。

食

主要以蚂蚁、甲虫和其他昆虫为食。

住

常见于城市公园树干上、竹林里，如鸿恩寺森林公园、照母山森林公园、龙头寺公园等。

行

在公园散步时，是否经常听到类似叩击木头的“剁剁剁—剁剁剁”的声音？悄悄地循着声音寻找，也许就能看到斑姬啄木鸟的身影，在树枝上用嘴敲击觅食。

▲棕背伯劳

棕背伯劳

棕背伯劳

雀形目 > 伯劳科　Long-tailed Shrike

学名　*Lanius schach*

衣

体长约 25 厘米。有一副黑色“眼罩”，头顶灰色，喉白，喙粗壮，尖端有个小钩，背棕红色，尾长。雌雄相似。虹膜为褐色，嘴、脚为黑色。

食

主要捕食昆虫。此外也捕食小鸟、青蛙、蜥蜴和蛇，偶尔也吃少量植物种子。

住

常见于城市公园空旷地带，路边、河边的树上或灌丛中。

行

棕背伯劳经常站在显眼的高处（树上或电线上）观望，一旦发现猎物，立刻飞去追捕，得手后返回原处吞吃。性情凶猛，不太怕人，不仅善于捕食昆虫，也善于捕食小鸟和蛇。棕背伯劳的叫声单调粗哑，能模仿其他鸟的叫声。

▲灰卷尾

灰卷尾

雀形目 > 卷尾科　Ashy Drongo

学名　*Dicrurus leucophaeus*

衣

体长约 28 厘米。全身灰色，脸偏白，尾巴很长且有很深的开叉。雌雄相似。虹膜为橙红，嘴为灰黑色，脚为黑色。

食

主要以昆虫为食，也吃植物种子。

住

常见于城市公园树顶，如鸿恩寺森林公园、照母山森林公园、铁山坪森林公园。

行

灰卷尾喜欢站在林间空地的裸露树枝，捕食过往昆虫。当灰卷尾飞行时，可以观察到其尾巴后端明显向上卷翘，这是很容易辨认的特征。灰卷尾的叫声响亮，还会模仿其他鸟叫。

▲灰喜鹊

▲灰喜鹊

灰喜鹊

雀形目 > 鸦科　Azure-winged Magpie

学名　*Cyanopica cyanus*

衣

体长约 35 厘米。全身大体是灰色，头是黑色，翅膀及尾羽是蓝色。尾羽较长。虹膜为褐色，嘴为黑色，脚为黑色。

食

果实、昆虫。

住

常见于城市公园、街道，如照母山森林公园、中山四路。

行

灰喜鹊喜欢成群活动，整天发出嘈杂的叫声。走在中山四路，每天都可以看到它们飞来飞去的身影，还能看到它们滑到地面捡零食残渣吃。

▲红嘴蓝鹊

红嘴蓝鹊

红嘴蓝鹊

雀形目 > 鸦科　Red-billed Blue Magpie

学名　*Urocissa erythrorhyncha*

衣

体长约 68 厘米。头黑色，头顶白色。背是蓝色，腹部是白色，有长长的尾巴。雌雄相似。虹膜为红色，嘴为红色，脚为红色。

食

主要以昆虫为食，也吃植物果实、种子。

住

常见于城市公园上空，如彩云湖国家湿地公园、鸿恩寺森林公园、照母山森林公园、铁山坪森林公园。

行

红嘴蓝鹊的体型不小，却喜欢成群活动，总是在树枝间跳上跳下或在树间飞来飞去，飞翔时多呈滑翔姿势，滑翔时两翅平伸，尾羽展开。它们的叫声尖锐，似“喳—喳”声。性情凶猛，会主动驱赶猛禽。

▲黄腹山雀（雄）

黄腹山雀

雀形目 > 山雀科　Yellow-bellied Tit

学名　*Pardaliparus venustulus*

衣

体长约 10 厘米。雄鸟头和上背黑色，脸颊和后颈各具一白色斑块。翅膀黑褐色，有两道白色翅斑；腹部黄色。雌鸟上体灰绿色，颏、喉、颊和耳羽灰白色，其余下体淡黄色。虹膜为褐色，嘴近黑色，脚为蓝灰色。

食

主要以昆虫为食，也吃植物果实和种子。

住

常见于城市公园树上，如鹅岭公园、鸿恩寺森林公园、照母山森林公园。

行

黄腹山雀成群活动，在高大的树枝间跳跃穿梭，还会发出“嗞—嗞—嗞”的叫声。想很仔细地观察它们可不那么容易，因为它们太活泼了，感觉一刻都停不下来。

▼大山雀

大山雀

大山雀

雀形目 > 山雀科　Great Tit

学名　*Parus minor*

衣

体长约 14 厘米。头部整体为黑色，两颊各有一个椭圆形大白斑；颌下有一条黑线，这条黑线沿着胸腹的中线一直延伸到下腹部的尾下覆羽，像打了黑领带。上背部黄绿色，下体灰白色或浅黄色。雌雄相似。虹膜为褐色，嘴为黑色，脚为灰色。

食

主要以昆虫和昆虫幼虫为食，也吃小型无脊椎动物和植物。

住

常见于城市公园和住宅小区的树上，如彩云湖国家湿地公园、照母山森林公园、鸿恩寺森林公园。

行

大山雀体型小，行动敏捷，不停地在树枝间穿梭跳跃，飞来飞去。边飞边叫，略呈波浪状飞行。平时飞行缓慢，飞行距离短。

▼领雀嘴鹎

领雀嘴鹎

领雀嘴鹎

雀形目 > 鹎科　Collared Finchbill

学名　*Spizixos semitorques*

衣

体长约 23 厘米。全身黄绿色，头及喉部偏黑，前颈有一白色颈环，像戴了白色领圈。虹膜为褐色，嘴为浅黄色，脚偏粉色。

食

主要以植物果实为食，也吃昆虫。

住

常见于城市公园，如鹅岭公园、鸿恩寺森林公园、照母山森林公园。

行

常站在电线上或树枝上，飞行中捕捉昆虫。鸣声婉转悦耳。

▲黄臀鹎

黄臀鹎

黄臀鹎

雀形目 > 鹎科　Brown-breasted Bulbul

学名　*Pycnonotus xanthorrhous*

衣

体长约 20 厘米。全身大体是灰褐色。头及颈背黑色，喉部白色，臀部黄色。雌雄相似。虹膜为褐色，嘴为黑色，脚为黑色。

食

主要以植物果实与种子为食，也吃昆虫等，但幼鸟几乎全以昆虫为食。

住

常见于城市公园树上，如彩云湖国家湿地公园、照母山森林公园、铁山坪森林公园。

行

黄臀鹎喜欢成群活动，挤在一根树枝上，如果枝条太细，它们就会一起掉下去。它们喜欢鸣叫，声音清脆洪亮。

▲白头鹎成鸟

▲白头鹎幼鸟

白头鹎

雀形目 > 鹎科　Light-vented Bulbul

学名　*Pycnonotus sinensis*

衣

体长约 19 厘米。全身橄榄色。额至头顶纯黑色，两眼上方至后枕白色，形成一白色枕环，耳羽后部有一白斑，白斑和白枕很醒目。雌雄相似。虹膜为褐色，嘴近黑色，脚为黑色。

食

主食植物果实和种子，有时吃昆虫。

住

常见于城市公园、街道边、小区树上，如彩云湖国家湿地公园、鸿恩寺森林公园、照母山森林公园等。

行

白头鹎不怕人，头部的白色羽毛很明显，远远就能看到，是重庆最常见的鸟之一。喜欢在灌木和树冠上活动，在树枝间跳跃，一般不会长距离飞行。每年春天，会站在树上成双成对地“唱歌”。叫声简单，没有特别的旋律。

▲绿翅短脚鹎

绿翅短脚鹎

绿翅短脚鹎

雀形目 > 鹎科　Mountain Bulbul

学名　*Ixos mcclellandii*

衣

体长约 24 厘米。全身橄榄色，喉白且有纵纹，像长了白胡子。翅膀和尾是绿色。虹膜为褐色，嘴近黑色，脚为粉红色。

食

主要以植物果实与种子为食，也吃昆虫。

住

常见于城市公园，如鹅岭公园、鸿恩寺森林公园、照母山森林公园。

行

绿翅短脚鹎喜欢成群在乔木树冠层或灌木上跳跃、飞翔，同时发出喧闹的叫声，鸣声清脆而婉转。

▲家燕

家 燕

雀形目 > 燕科 Barn Swallow

学名 *Hirundo rustica*

衣

体长约 20 厘米，上体灰蓝色，胸偏红而具一道蓝色胸带，腹部白色。尾长，分叉明显。雌雄相似。虹膜为褐色，嘴及脚为黑色。

食

以昆虫为食，而且主要吃飞行性昆虫。

住

常见于城市公园、小区上空，如鸿恩寺森林公园、照母山森林公园。

行

家燕就是人们耳熟能详的儿歌中的小燕子，它们每年春天都来重庆。擅长飞行，大多数时间都成群结队地在城市上空飞翔，飞行迅速敏捷。休息时喜欢一大群停歇在枯树枝或电线上。有时可以看到湖面上成群的燕子点水，那是它们在喝水，因为起飞的时候尾巴要翘起来，速度快的时候看起来是在用尾巴尖点水。

▲金腰燕

金腰燕

金腰燕

雀形目 > 燕科　Red-rumped Swallow

学名　*Cecropis daurica*

衣

体长约 20 厘米。上体黑色，具有辉蓝色光泽，脸颊部棕色，下体棕白色，有黑色的细纵纹，尾长，分叉深。最显著的标志是有一条栗黄色的腰带。雌雄相似。虹膜为褐色，嘴及脚为黑色。

食

以昆虫为食，而且主要吃飞行性昆虫。

住

常见于城市公园、小区上空，如照母山森林公园。

行

如果看到一只燕子飞行时有很明显的黄色腰带，那就是金腰燕了。它们休息时多停歇在房顶、屋檐和电线上，并常发出“唧唧”的叫声。

▲棕脸鹟莺

棕脸鹟莺

雀形目 > 鹟科　Rufous-faced Warbler

学名　*Abroscopus albogularis*

衣

体长约 10 厘米，体型小巧，色彩亮丽。脸棕红色，头顶两侧有黑色的冠纹。背上绿色，肚子白色。虹膜为褐色，上嘴色暗，下嘴色浅，脚为粉褐色。

食

主要吃昆虫及其幼虫。

住

常见于城市公园树上，如彩云湖国家湿地公园、鸿恩寺森林公园、照母山森林公园。

行

春夏常能听到棕脸鹟莺的叫声，鸣声清脆，叫声似“铃……铃……铃……”。它们频繁在树枝间飞来飞去，多在空中飞翔捕食。

▲红头长尾山雀

红头长尾山雀

红头长尾山雀

雀形目 > 长尾山雀科　Black-throated Tit

学名　*Aegithalos concinnus*

衣

体长约 10 厘米。头顶和腰是栗红色，背蓝灰色，尾长呈凸状，外侧尾羽具楔形白斑。颏、喉白色，喉中部具黑色斑块，胸、腹白色或淡棕黄色，胸腹白色者具栗色胸带和两胁栗色。雌雄相似。虹膜为黄色，嘴为黑色，脚呈橘黄色。

食

主要以昆虫为食。

住

常见于城市公园、行道树上，如彩云湖国家湿地公园、照母山森林公园、鸿恩寺森林公园。

行

走在路上听到细碎的“吱吱”声，抬头看树枝间蹦来蹦去的小鸟，十有八九就是红头长尾山雀。它们性格活泼，不怕人，喜欢成群活动，也会和其他鸟混群。它们还喜欢在树枝间不停地跳来跳去，边取食边不停地鸣叫。

▲红头穗鹛

红头穗鹛

红头穗鹛

雀形目 > 鹟科　Rufous-capped Babbler

学名　*Cyanoderma ruficeps*

衣

体长约 12 厘米。头顶棕红色，上体淡橄榄褐色沾绿色。下体颏、喉、胸浅灰黄色，颏、喉具细的黑色羽干纹，体侧淡橄榄褐色。虹膜为红色，上嘴近黑，下嘴暗黄色，脚为棕绿色。

食

主要以昆虫为食，偶尔也吃少量植物果实与种子。

住

常见于城市公园树上，如照母山森林公园、鸿恩寺森林公园、铁山坪森林公园。

行

城市公园里常听到低声吱叫及轻柔的四声哨音，那是红头穗鹛的声音。它们喜欢在林下或林缘灌木丛枝叶间不断飞来飞去或跳上跳下。

▼白颊噪鹛

白颊噪鹛

雀形目 > 噪鹛科　White-browed Laughingthrush

学名　*Pterorhinus sannio*

衣

体长约 24 厘米。全身灰褐色，眉纹和下颊纹白色，但没连在一起。白颊噪鹛和画眉关系很近，俗称“土画眉”。虹膜和嘴为褐色，脚为灰褐色。雌雄相似。

食

主要以昆虫和昆虫幼虫等动物性食物为食，也吃植物果实和种子。

住

常见于城市公园、街边、小区路边灌木丛，如彩云湖国家湿地公园、照母山森林公园、鸿恩寺森林公园。

行

白颊噪鹛基本上在重庆任何地方都能看到，喜欢在树林中下层和地上活动、觅食。行人路过，它们都不太躲开。它们叫声响亮而急促，叫声似“啾—啾”，喜欢群居，一起叫时声音很嘈杂。

▲棕头鸦雀

棕头鸦雀

雀形目 > 莺鹛科　Vinous-throated Parrotbill

学名　*Paradoxornis webbianus*

衣

体长约 12 厘米。比麻雀更小巧，非常可爱，看上去充满好奇心。头上和后背红棕色，翅膀上是更深的红棕色。雌雄相似。虹膜为褐色，嘴为灰色或褐色，嘴尖颜色较浅，脚为粉灰色。

食

主要以昆虫为食，也吃蜘蛛等其他小型无脊椎动物和植物的果实与种子。

住

常见于城市公园、郊野灌木丛，如鸿恩寺森林公园、照母山森林公园。

行

棕头鸦雀喜欢集群在公园竹林或低矮的灌木丛中活动，伴随着急促而嘈杂的叫声。它们性格活泼，喜欢扎堆。如果听到路边灌丛中的叫声和响动，静静等待，一会儿它们就会现身。

▲栗颈凤鹛

▲栗颈凤鹛

栗颈凤鹛

栗颈凤鹛

雀形目 > 绣眼鸟科　Chestnut-collared Yuhina

学名　*Staphida torqueola*

衣

体长 13 厘米左右。头有短灰色羽冠，上体偏灰，下体偏白，有栗色的颈圈。雌雄相似。虹膜为褐色，嘴为红褐色，嘴角较深，脚为粉色。

食

主要以昆虫为食，也吃植物果实与种子。

住

常见于城市公园树的中上部，如鸿恩寺森林公园、照母山森林公园、铁山坪森林公园。

行

在照母山森林公园，如果看到一群小鸟在树的中上部树枝间跳来跳去，时常发出低沉的“欺儿、欺，欺儿、欺”声，就是栗颈凤鹛了。

▲暗绿绣眼鸟

暗绿绣眼鸟

雀形目 > 绣眼鸟科　Japanese White-eye

学名　*Zosterops japonicus*

衣

体长约 11 厘米。背部羽毛为绿色，喉部和臀部黄色，腹部白色。有很明显的白眼圈，所以叫绣眼鸟。雌雄相似。虹膜为浅褐色，嘴和脚为灰色。

食

主食小型昆虫，也吃花蜜及果实。

住

常见于城市公园树上，如鹅岭公园、照母山森林公园、鸿恩寺森林公园、铁山坪森林公园等。

行

暗绿绣眼鸟是一种体形小、喜欢群居生活的鸟，可以达50~60只在一起。它们性格活泼，且行动敏捷，黄绿色的小身影在树林枝叶与花丛间跳来跳去，行动中会发出“嗞嗞”的细弱声音。

▲八哥

八　哥

雀形目 > 椋鸟科　Crested Myna

学名　*Acridotheres cristatellus*

衣

体长约 25 厘米。全身黑色，翅膀有白斑，飞翔时特别明显，因为翅膀展开时白斑呈“八”字，所以叫八哥。矛状额羽延长成簇状耸立于嘴基，像鼻子长了一撮毛。雌雄相似。虹膜为橙黄色，嘴和脚为黄色。

食

以果实、种子和昆虫等为食。

住

常见于城市公园及街道树上，如照母山森林公园、中山四路等。

行

在重庆，如果看到黑色的鸟，且该鸟飞行时翅膀有白色斑块，那就是很会唱歌的八哥了。它们喜欢成群活动，平时喜欢站在树上和屋顶上，傍晚时特别活跃、喧闹，叫声婉转、动听。

▲丝光椋鸟

丝光椋鸟

丝光椋鸟

雀形目 > 椋鸟科　Red-billed Starling

学名　*Sturnus sericeus*

衣

体长约 24 厘米。整体偏灰色，翅膀和尾羽黑色。雌雄相似。虹膜为黑色，嘴为红色，嘴尖黑色，脚为暗橘黄色。

食

主要以昆虫为食，也吃植物果实与种子。

住

常见于城市公园、行道树上，如彩云湖国家湿地公园、照母山森林公园。

行

丝光椋鸟性格比较胆怯，见人即飞。它们喜欢成群活动，喜欢站在高高的树顶或房顶，也会在草坪上走来走去寻找食物。重庆的重阳木结果时，就是它们大聚餐的时候。

▲灰椋鸟

灰椋鸟

灰椋鸟

雀形目 > 椋鸟科　White-cheeked Starling

学名　*Sturnus cineraceus*

衣

体长约 24 厘米。整体棕灰色，头部、颈部为黑色，脸颊有黑色纵纹。雄雌相似。虹膜偏红；嘴为黄色，尖端黑色；脚为橘黄色。

食

主要吃昆虫，冬春季昆虫较不活跃的时候，也吃各种植物的种子和果实。

住

常见于城市公园、小区树顶和房顶，如彩云湖国家湿地公园、鸿恩寺森林公园。

行

灰椋鸟鸣声较低且单调。当一只灰椋鸟受惊起飞时，其他灰椋鸟纷纷响应，整群而起。它们喜欢和丝光椋鸟混群。

▲乌鸫

▲乌鸫

乌 鸫

雀形目 > 鸫科　Common Blackbird

学名　*Turdus merula*

衣

体长约 29 厘米。雄乌鸫看上去像缩小版的乌鸦，全身黑色，但是和乌鸦不同的是，雄乌鸫的喙和眼圈是黄色的，漂亮又秀气。雌鸟褐色。虹膜为褐色，嘴为黄色（雄鸟）或黑色（雌鸟），脚为褐色。

食

昆虫、蚯蚓、种子和浆果。

住

常见于城市公园、小区地面，如鹅岭公园、鸿恩寺森林公园、照母山森林公园。

行

乌鸫喜欢在树林地面和草地上活动，刨土找虫子吃，惊起的时候在林中低飞，同时发出“吱、吱”短叫声，歌声嘹亮动听，并善于模仿其他鸟鸣声。

▲鹊鸲（雄）

▲鹊鸲（雌）

鹊 鸲

鹊鸲

雀形目 > 鹟科 Oriental Magpie Robin

学名 *Copsychus saularis*

衣

体长约 21 厘米，长得像迷你版的喜鹊。雄鸟头、胸、背部黑色，翅具白斑，腹部白色。雌鸟则以灰色或褐色替代雄鸟的黑色部分。虹膜为褐色，嘴及脚为黑色。

食

主要以昆虫为食。偶尔也吃小型动物，几乎不吃任何植物。

住

适应性超强，几乎完全适应重庆的任何一种环境，在城区、林地、草地、农田、溪谷、山区随处可见。

行

鹊鸲性格活泼、大胆，不怕人，好斗，特别是繁殖期，常为争偶而打斗。清晨鹊鸲常站在高高的树梢或房顶上鸣叫，鸣声婉转多变、悦耳动听。尤其是繁殖期间，雄鸟鸣叫更为激昂多变，其他季节早晚亦善鸣，常边鸣叫边跳跃。

▲北红尾鸲（雄）

▲北红尾鸲（雌）

北红尾鸲

北红尾鸲

雀形目 > 鹟科　Daurian Redstart

学名　*Phoenicurus auroreus*

衣

体长约 15 厘米。雌雄翅膀上有明显的倒三角形白色翼斑。雄鸟头顶和颈背灰色，脸颊、喉、背部及翅膀大体是黑色，下体栗色。雌鸟全身褐色，臀部棕色或黄色。虹膜为褐色，嘴和脚为黑色。

食

主食昆虫，偶尔吃浆果等。

住

常见于城市公园树上、地面，如鸿恩寺森林公园、照母山森林公园、缙云山国家森林公园等。

行

一般北红尾鸲都是单独或成对活动。它们行动敏捷，频繁地在地面和灌丛间跳来跳去啄食虫子，偶尔也在空中飞翔捕食，时常伴随着“滴—滴—滴”的叫声，声音单调、尖细而清脆，根据声音很容易找到它们。它们在停歇时会不断地上下摆动尾部。

▲红尾水鸲（雄）

▲红尾水鸲（雌）

红尾水鸲

红尾水鸲

雀形目 > 鹟科　Plumbeous Water Redstart

学名　*Phoenicurus fuliginosus*

衣

体长约 14 厘米。雄鸟大都通体暗灰蓝色，尾羽是栗红色；雌鸟上体灰褐色，翅褐色，有两道白色点状斑。虹膜为深褐色，嘴为黑色，脚为褐色。

食

主要以昆虫为食，也吃少量植物果实和种子。

住

常见于溪流边岩石上。

行

红尾水鸲喜欢单独或成对活动，特别喜欢站在水边或水中的石头上、公路旁岩壁上或电线上，停立时尾常不断地上下摆动，间或将尾散成扇状，并左右来回摆动。

▲叉尾太阳鸟（雄）

▲叉尾太阳鸟（雌）

叉尾太阳鸟

叉尾太阳鸟

雀形目 > 太阳鸟科　Fork-tailed Sunbird

学名　*Aethopyga christinae*

衣

体长约 10 厘米。雄鸟头颈及尾上呈金属绿色，两根中央尾羽特别长，有红色的喉斑，上体橄榄色或近黑色，下体偏白；雌鸟较小，上体橄榄色，下体浅绿黄色。它们的嘴细长下弯，舌呈管状，专门用来吮吸花蜜，因此又被称为“亚洲蜂鸟”。虹膜为褐色，嘴和脚为黑色。

食

以花蜜为主食，兼食昆虫和蜘蛛等。

住

常见于城市公园开花的乔木、灌木上，如彩云湖国家湿地公园、鸿恩寺森林公园等。

行

在春天贴梗海棠开花的时候，最容易观察到叉尾太阳鸟。它们性情活跃，行动敏捷，总是不停地在枝梢间跳跃飞行，有时扇动双翅悬停于花朵上空，以弯曲的嘴和管状的长舌吸食花蜜。

▲山麻雀（雄）

▲山麻雀（雌）

白腰文鸟

雀形目 > 梅花雀科　White-rumped Munia

学名　*Lonchura striata*

衣

体长约 11 厘米。全身颜色大体是棕褐色，腰为白色，腹部为黄白色。背部有白色纵纹，尾部长而尖。雌雄相似。虹膜为褐色，嘴和脚为灰色。

食

主食是植物种子，偶尔吃昆虫。

住

常见于城市公园树上、地面，如彩云湖国家湿地公园、鸿恩寺森林公园、照母山森林公园等。

行

因为体型和颜色，白腰文鸟常被误认为是麻雀。它们喜欢群居，无论是飞翔还是停息，常常挤成一团。冬季群居在旧巢中，一般 10 只或 10 余只同居一旧巢，故又有“十姐妹”之称。白腰文鸟鸣叫时发出似“嘘—嘘”的声音。它们飞行快而有力，呈波浪状。

▲灰鹡鸰

灰鹡鸰

雀形目 > 鹡鸰科　Grey Wagtail

学名　*Motacilla cinerea*

衣

体长约 19 厘米。头到背是灰色，下体是黄色。尾巴较长。雌雄相似。虹膜为褐色，嘴为黑色，脚为粉灰色。

食

主要以昆虫为食。

住

常见于城市公园水边，如彩云湖国家湿地公园、鸿恩寺森林公园、照母山森林公园。

行

灰鹡鸰飞行时两翅一展一收，呈波浪式前进，它们常停栖于水边、岩石、电线杆、屋顶等突出物体上，有时也栖于小树顶端枝头和水中露出水面的石头上，停立时尾不断地上下摆动。

▲白鹡鸰

白鹡鸰

白鹡鸰

雀形目 > 鹡鸰科　White Wagtail

学名　*Motacilla alba*

衣

体长约 18 厘米。黑白相间，上体额顶到尾部都是黑色，脸颊、喉部是白色或黑色，胸黑色，下体白色。雌雄相似。虹膜为黑褐色，嘴和脚为黑色。

食

主要以昆虫为食，也吃蜘蛛等其他无脊椎动物，偶尔也吃植物种子、浆果等植物性食物。

住

常见于水域附近的城市公园、小区地面，如照母山森林公园、彩云湖湿地公园等。

行

早晨小区路上，白鹡鸰在地上慢步行走，看到人靠近时，就迈着小碎步快速跑开。它们的飞行曲线是波浪式，边飞边叫，声音清脆、响亮。它们很喜欢在水边或附近的草地、路边活动，停立时尾巴会不停地上下摆动。

▲树鹨

树　鹨

树鹨

雀形目 > 鹡鸰科　Olive-backed Pipit

学名　*Anthus hodgsoni*

衣

体长约 15 厘米。全身大体橄榄色，有较粗的白色眉纹。胸和两胁有黑色纵纹。虹膜为褐色，上嘴角质色，下嘴偏粉，脚为粉红色。

食

主要以昆虫及其幼虫为食，冬季也吃植物种子。

住

常见于城市公园树上和草坪上，如照母山森林公园。

行

经常看到成群的树鹨在地上奔跑觅食。它们很机警，受惊后会立刻飞到附近树上，边飞边发出尖细的叫声，站立时尾常上下摆动。

▲黑尾蜡嘴雀

▲黑尾蜡嘴雀

黑尾蜡嘴雀

雀形目 > 燕雀科　Chinese Grosbeak

学名　*Eophona migratoria*

衣

体长约 17 厘米。黄色的嘴很粗大，尖端有黑色。全身灰色，翅膀黑色，翅尖白色，臀部黄褐色。雄鸟头黑色，雌鸟头灰褐色。虹膜为褐色，嘴深黄而尖端黑，脚为粉褐色。

食

主要以种子、果实、草籽、嫩叶、嫩芽等植物性食物为食，也吃部分昆虫。

住

常见于城市公园树上，如彩云湖国家湿地公园、照母山森林公园、鸿恩寺森林公园。

行

在彩云湖国家湿地公园池杉结果的时候，会听到“嚓嚓嚓”类似嗑瓜子的声音，循声寻找，可以看到一群黑尾蜡嘴雀在聚餐。它们的喙很有力，可以用嘴把树上的杉树果实啄下来，含在嘴里，用力嗑，然后上下喙来回磨动，几下就可嚼碎杉树果壳并吐出来，吞下果仁。它们喜欢频繁地在树冠层枝叶间跳跃或来回飞翔，飞行迅速、两翅鼓动有力，在林内常一闪即逝。平时较少鸣叫，叫声是一种单调的声音。

▲金翅雀

金翅雀

雀形目 > 雀科　Grey-capped Greenfinch

学名　*Chloris sinica*

衣

体长约 13 厘米。头及颈背是灰色，背是褐色，翅膀及臀部是黄色，特别是翅膀边缘的金黄色非常显眼。雌雄相似。虹膜为深褐色，嘴偏粉色，脚为粉褐色。

食

主要以植物果实、种子、草籽和谷粒等农作物为食。

住

常见于城市公园树上，如鸿恩寺森林公园、照母山森林公园。

行

金翅雀的叫声很特别，是轻柔而连续不断的“滴滴”声，声音不大却很容易听清楚。喜欢停在树上、电线上长时间不动，也喜欢在树冠层枝叶间跳跃或飞来飞去，到低矮的灌丛和地面活动、觅食。飞翔迅速，两翅扇动甚快，常发出“呼呼”的声响。无论是飞行还是停歇，金翅雀翅膀那一抹金黄都很显眼。

主要参考文献

［1］马敬能，菲利普斯，何芬奇．中国鸟类野外图册［M］．长沙：湖南教育出版社，2000.

［2］重庆观鸟会．重庆鸟类名录 7.0 版［Z］.2022.

重庆市生物多样性科普丛书

蝶舞山城

Die Wu Shan Cheng

陈竹　何强　主编

中国环境出版集团·北京

图书在版编目 (CIP) 数据

重庆市生物多样性科普丛书 . 蝶舞山城 / 陈竹，何强主编 . -- 北京 : 中国环境出版集团 , 2023.5

ISBN 978-7-5111-5504-7

Ⅰ . ①重… Ⅱ . ①陈… ②何… Ⅲ . ①蝶—生物多样性—重庆—图集 Ⅳ . ① Q16-64

中国国家版本馆 CIP 数据核字 (2023) 第 077286 号

出 版 人 武德凯
责任编辑 田 怡
封面设计 彭 杉

出版发行 中国环境出版集团
（100062 北京市东城区广渠门内大街 16 号）
网 址：http://www.cesp.com.cn
电子邮箱：bjgl@cesp.com.cn
联系电话：010-67112765（编辑管理部）
010-67112736
发行热线：010-67125803，010-67113405（传真）
印 刷 玖龙（天津）印刷有限公司
经 销 各地新华书店
版 次 2023 年 5 月第 1 版
印 次 2023 年 5 月第 1 次印刷
开 本 787 × 960 1/16
印 张 9.75
字 数 120 千字
定 价 188.00 元（全三册）

编 委 会

序言

Foreword

两千多年前，孔子教导弟子学《诗》，可以“多识于鸟兽草木之名”（《论语·阳货》）。审美教育和生态教育融合，由学《诗》识得鸟兽草木，从自然万物引发人情事理，可见圣人先贤朴素自觉的生态伦理观。近现代国学大师钱穆在《论语新解》中引申说道：“对天地间鸟兽草木之名能多熟识，此小言之也。若大言之，则俯仰之间，万物一体，鸢飞鱼跃，道无不在，可以渐跻于化境，岂止多识其名而已。”他认为孔子教人“多识于鸟兽草木之名”，实为亲近自然，开阔胸怀，到达仁德之境。

将时钟拨回现在，飞机、高铁、卫星、宇宙飞船，人们可以踏入更广阔的空间；广播、电视、手机、互联网，新型的传播方式串联起大千世界。时代变迁，但照耀过孔子的太阳依然升起，照耀着山川河流、照耀着鸟兽草木，照耀着你、照耀着我，照耀着自然万物、照耀着芸芸众生……

大自然因多样而多彩，因复杂而有趣。生物多样性让地球充满生机，是人类生存和发展的基础，更是人与自然和谐共生的生动体现。保护生物多样性有助于维护地球家园，促进人类可持续发展。

重庆位于青藏高原与长江中下游平原过渡地带，是长江上游重要生态屏障，地域内复杂多变的地形地貌、充沛的水热条件及众多的河流，孕育了丰富的生物多样性。全市分布有野生维管植物近6000种、陆生野生脊椎动物800余种、江河鱼类180余种，包括崖柏、珙桐、银杉、红豆杉、水杉、荷叶铁线蕨，黑叶猴、林麝、中华秋沙鸭、大灵猫、小灵猫，长江鲟、中华鲟、胭脂鱼、鲈鲤等珍稀物种。我们日常所见、易于接触的野花、蝴蝶、鸟类资源更是丰富而独特，为重庆这座“山城”“江城”增添无穷生趣。

“重庆市生物多样性科普丛书”是一套图文并茂的科普读物。在广泛田野调查基础上，筛选常见的近100种野花、50种蝴蝶、50种鸟类，从生物属性科普简介、观察方法技巧和鲜活生动的故事讲述等方面入手，真诚面向社会公众，用通俗易懂的文字、精美清晰的图片引领我们进入神奇的大自然，感受多样的生物物种，体味独有的地域特色。此书寓教于乐，可作为广大自然生态爱好者的科普读物，家庭亲子教育的书籍，各级生态文明示范学校的校本教材和环保志愿者科普教育、户外研学的参考资料。

近年来，为深学笃用习近平生态文明思想，全面贯彻落实党的二十大精神，重庆市生态环境宣传教育中心深耕厚植环境教育，致力于“生态文明进校园”工作，广泛开设生态环境教育“大课堂”。我们与重庆自然介公益发展中心一起策划出版此书，意在引导社会公众，尤其是广大青少年朋友，“多识于鸟兽草木之名”，激发探索自然、认识自然的兴趣，体会“万物各得其和以生，各得其养以成”的美好，增强“尊重自然、顺应自然、保护自然”的行动自觉，从而“像保护眼睛一样保护生态环境，像对待生命一样对待生态环境”。

重庆市生态环境宣传教育中心

2023年5月

前言

Preface

编写这套丛书，源于这些年从事自然教育的经历。

刚接触自然教育时，倾心于其“通过体验，建立人与自然的连接，从而让人爱上 并保护自然”这个理念，自己在初涉一些户外体验活动的小技巧后，很快就飘飘然起来。一次，一位在领域深耕多年的老师来渝交流，海阔天空的交谈过程中，老师突然指着草地上一只重庆极常见的鸟真诚地问:“那是什么鸟？”看到我茫然的眼神，老师略有些惊讶，接着若有所思说“自然观察是自然教育的基本功。”

这事让我感触颇深。连接也好、热爱也好，必定要建立在对自然足够熟悉和了解的基础之上。自然教育并不只是教人认识花鸟鱼虫，天地的大美、四时的明法、万物的成理，都得建立在大自然中一个个鲜活的、具体的故事之上，否则就只能是空洞的说教。所以通过各种途径认识、了解自然，建立自己感知自然的经验库、故事库，是每一个自然教育者最基本的素养。而“观察”，则是最简便易行的途径。

其实不仅仅是教育者，很多自然爱好者，或者孩子父母，也对了解大自然有迫切的需求和热情。

天地很大，从哪里入门？帮助教育者、自然爱好者、孩子父母快速入门，了解重庆本土动植物，便是编写这套“重庆市生物多样性科普丛书”的初衷。

为了让入门真正简单，我们选择了大多数人生活中最容易观察到且接受度很高的三个自然类群——野花、鸟类和蝴蝶作为开始。当然“野花”并不是一个严格的分类学意义上的词汇，只是从公众可以接受的角度，泛指那些并非人工有意种植的，能开出有一定观赏价值的“花”的植物而已。具体的物种也主要结合我们的日常观察以及相关文献，挑选常见物种。语言上，尽量减少枯燥乏味的专业术语，取而代之的是更口语化的、描述性的语言。考虑到主要阅读群体是重庆的自然爱好者，因此尽量突出重庆的地域特点，也正因为聚焦特定地域的特定类群，入门起来也会轻松很多。

这套丛书也是重庆人了解本土生物多样性的绝佳读物。关注身边那些充满生存智慧的植物、行为有趣的鸟类、姿态翩然的蝴蝶，会让人发现，原来小区里面不仅仅有麻雀，原来自己看不上的野草却是蝴蝶苦苦寻找的“面包”；会让人发现一个精彩绝伦、丰富多彩的野生动植物世界，并会由衷感叹这一切的可贵和美好。我想，从这个角度去认识和体验生物多样性，比任何教科书都生动、可贵。

这套丛书完成于2019年，一直仅作为内部资料供爱好者参阅。此次感谢重庆市生态环境宣传教育中心的大力支持，认可这套丛书在生物多样性保护宣传方面的价值，并促成了这套丛书正式出版，让它们有了服务更多读者、发挥更大作用的机会。

这套丛书的完成，还要特别感谢一直支持、关心生态环保宣教工作的袁兴中教授。袁老师不仅就书稿的编写给我们提出了专业意见，更一直热情洋溢地鼓励我们将自己的经验汇集成书。此外，还要特别感谢一直在不遗余力地推动自然教育事业的兰雪莲女士。这是一切的源始。

在本书编写中，我们还得到了重庆自然博物馆刘文萍老师、重庆观鸟会危骞老师、中国科学院西双版纳热带植物园曾思源的无私帮助和耐心指导。重庆大学杨永川教授、重庆师范大学何海教授给我们提供了宝贵的意见和建议。重庆自然博物馆张虹老师、西南大学附属中学罗键老师、蝴蝶爱好者傅礁老师亦对我们热情鼓励并提供了帮助。在此表示衷心的感谢！

编者（陈竹／重庆自然介公益发展中心　理事长）

2023 年 5 月 4 日

目录

catalogue

第一部分 认识蝴蝶

一、蝴蝶概览 // 2
二、蝴蝶生活史 // 4
三、蝴蝶证件照 // 6
四、蝴蝶大家族 // 8
五、是蝴蝶还是蛾子 // 30
六、蝴蝶的生态价值 // 32
七、赏蝶秘籍 // 36

第二部分 重庆蝴蝶分类图说

一、粉蝶科 // 41
二、蛱蝶科 // 57
三、凤蝶科 // 81
四、灰蝶科 // 101
五、弄蝶科 // 113
六、眼蝶科 // 121
七、喙蝶科 // 129
八、珍蝶科 // 131
九、斑蝶科 // 133
十、蚬蝶科 // 137

后记 // 140
参考文献 // 141

第一部分
认识蝴蝶

一 蝴蝶概览

蝴蝶的翅膀上布满鳞片，根据这个特征，昆虫学家将蝴蝶分类归为昆虫纲鳞翅目。

蝴蝶是一种古老的昆虫，蝶类化石证明，蝴蝶在 1 亿年前就已经出现，全世界有记载的蝴蝶种类近 2 万种。我国已记录的蝴蝶超过 2100 种。重庆地貌类型多样，蝴蝶资源也较为丰富。李爱民等在 1998—2000 年对重庆蝴蝶进行了调查，共记录蝴蝶 492 种。

二 蝴蝶生活史

蝴蝶是完全变态昆虫。一生要经历“卵—幼虫—蛹—成虫”4个阶段。每经历一次从卵到成虫的过程叫一个世代。有的蝴蝶一年会经历好几个世代，比如菜粉蝶；有的蝴蝶一年只有一个世代，比如黄尖襟粉蝶。

蝴蝶的幼虫时期就是我们所熟悉的“毛毛虫”。绝大多数“毛毛虫”是靠吃植物为生的。而且不同的蝴蝶种类，会有自己固定的食谱。有的蝴蝶很“挑食”，专吃很少几种植物。蝴蝶幼虫取食的植物叫作寄主植物，寄主植物的生存状况直接影响取食它们的蝴蝶的状况。反过来讲，蝴蝶种类的变化，也在一定程度上反映了寄主植物的变化，蝴蝶多样性可以反映植物多样性。

蝴蝶的成虫进食就靠一根“吸管”——长长的虹吸式口器，因此它们只能吸食液体状流质食物，比如花蜜、树上的汁液、水、腐败的水果及动物尸体腐败的汁液，甚至动物的尿液、粪便等。许多蝴蝶成虫的生命很短暂，有的只有不到一个月，完成传宗接代的任务后就香消玉殒了。少数蝴蝶也可以活得更久一点，它们能以成虫的形态度过冬天，比如黄钩蛱蝶。

三 蝴蝶证件照

看到一种蝴蝶，怎么向别人描述它呢？让我们来了解一下蝴蝶身体各部位的名称，这可以帮助我们更好地观察蝴蝶、快速抓住其特点。

蝴蝶具有昆虫的基本特征，它的身体分为头、胸、腹三个部分，并具有三对足。蛱蝶科、灰蝶科等科的有些蝴蝶前腿退化，缩在胸前，有时我们只能看到“四条腿”的蝴蝶。

蝴蝶身体各部位的名称

蝴蝶身上最醒目和最重要的部分就是它的翅膀，这也是辨识蝴蝶的重要特征。所以大致了解蝴蝶翅膀各个部位的名称也很有必要。

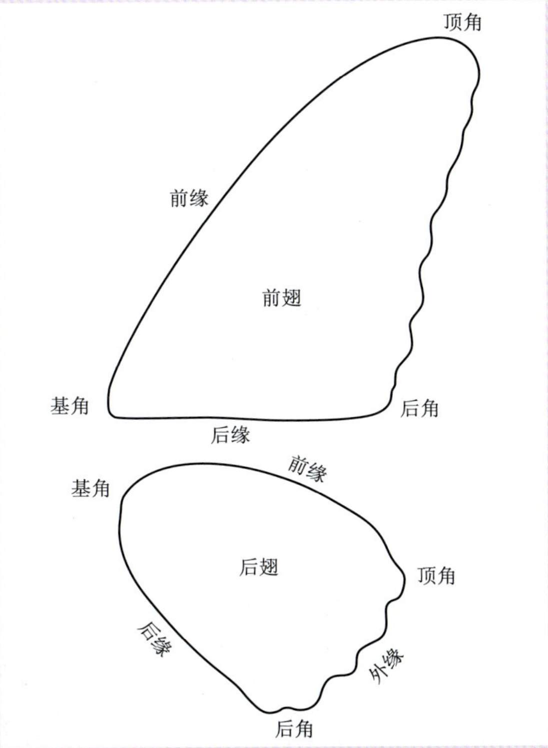

蝴蝶翅膀各个部位的名称

四 蝴蝶大家族

蝴蝶好看，但要记住蝴蝶的名字就让人犯难了。在了解蝴蝶大家族的大致分类和不同种类的形态特征后，再记名字就容易多了。全世界的蝴蝶可以分为 4 总科 17 科，我国蝴蝶有 4 总科 12 科。本书收录的蝴蝶有 10 科 50 种。

从大小来看，凤蝶科是体型最大的一类蝴蝶，一只碧凤蝶展开翅膀有成人手掌大。灰蝶科的蝴蝶则很小，常见的酢浆灰蝶只有人的指甲盖大小。蛱蝶、斑蝶、珍蝶、喙蝶属于中至大型的蝴蝶。粉蝶、眼蝶、弄蝶、蚬蝶则通常属于中至小型。另外，还可以根据蝴蝶的飞行姿态、翅膀的结构、卵和幼虫的形态等特征来进行识别。不用死记硬背，只要你喜欢蝴蝶，很快就会总结出各科蝴蝶的识别规律。

蝴蝶的体型

▲根据从大到小的体型顺序依次为凤蝶、粉蝶和灰蝶。

No.1 凤蝶科 / Papilionidae

凤蝶科是最飘逸，最吸引人眼球的一类蝴蝶。它们多以黑色、白色为主色调，翅膀上布有红色、蓝色、黄色等颜色的斑点和条纹。有的蝴蝶还有闪着金属光泽的结构色。它们通常体形硕大，飞行能力很强。长长的尾突也是凤蝶科的一个典型特征，当然，也有一些凤蝶在进化中甩掉了尾突，比如重庆可见的小黑斑凤蝶等。

小黑斑凤蝶

美凤蝶

No.2
粉蝶科 / Pieridae

菜粉蝶是我们生活中常见的粉蝶，也是重庆常见的蝴蝶。不同粉蝶的个头差异不大。它们的颜色通常很素净，以白色、淡黄色、淡黄绿色为主，也有少数粉蝶是鲜艳的橙黄、橙红等颜色。粉蝶飞行能力不强，喜欢在低矮的灌木、草丛中翻飞。

橙黄豆粉蝶

钩粉蝶

黑纹粉蝶

宽边黄粉蝶

No.3
蛱蝶科 / Nymphalidae

蛱蝶的种类数量多、翅形变化丰富。不少蛱蝶都有表里不一的翅膀——一面鲜艳耀眼，另一面则是灰暗低调的树皮颜色。所以蛱蝶科有不少伪装大师，其中最出名的就是枯叶蛱蝶。蛱蝶飞行迅捷，喜欢在阳光下活动。

小红蛱蝶

斐豹蛱蝶

秀蛱蝶

嘉翠蛱蝶

琉璃蛱蝶

No.4
斑蝶科 / Danaidae

斑蝶幼虫吃有毒的植物，会在体内积聚毒素，因此它们身上都有醒目的色斑，提醒鸟类和其他天敌不要误食。有的斑蝶有聚群的特性，有的斑蝶还会长距离迁徙，比如著名的黑脉金斑蝶。

虎斑蝶

大绢斑蝶

No.5
眼蝶科 / Satyridae

眼蝶科的蝴蝶并不是眼睛比较大，而是它们的翅膀上都有大小不一的眼斑。眼蝶普遍颜色灰暗，喜欢在林荫、树丛低飞，喜欢在清晨和傍晚活动。

瞿眼蝶

白带黛眼蝶

密纹矍眼蝶

No.6 弄蝶科 / Hesperiidae

弄蝶是一种特别的蝴蝶。它们的腹部肥胖、翅膀短小、头上密布绒毛，很容易被误认为是白天行动的蛾子。大部分弄蝶翅膀张开时前翅斜斜竖立，后翅仿佛一架“战斗机”。弄蝶的触角前段呈弯钩状，这也是弄蝶科最显著的特征。

白伞弄蝶

直纹稻弄蝶

No.7
灰蝶科 / Lycaenidae

灰蝶的个头很小，很不起眼，需要近距离仔细观察才能发现它们的丰富多彩。不少灰蝶都有尾突，在停下的时候会不停晃动，就像触角，用于迷惑天敌。

浓紫彩灰蝶

莎菲彩灰蝶

蓝灰蝶

酢浆灰蝶

No.8
蚬蝶科 / Riodinidae

蚬蝶也是很小巧的蝴蝶，但通常体形比灰蝶略大。蚬蝶多数色彩比较鲜艳。停歇时，翅膀微微向上倾斜。蚬蝶科的雌蝶前足正常，雄蝶前足退化，抱在胸前不起作用，看上去只有两对足。

波蚬蝶

一只残破的银纹尾蚬蝶

波蚬蝶

No.9
珍蝶科 / Acraeidae

我国有记录的珍蝶科蝴蝶只有两种，即苎麻珍蝶和斑珍蝶。重庆能见到苎麻珍蝶。苎麻珍蝶喜欢在苎麻叶上集中产卵，所以常常能看见大量幼虫把苎麻吃光。

苎麻珍蝶

苎麻珍蝶

No.10
喙蝶科 / Libytheidae

我国有记录的喙蝶科蝴蝶只有三个种，即朴喙蝶、棒纹喙蝶和紫喙蝶，在重庆能见到朴喙蝶。

朴喙蝶

五 是蝴蝶还是蛾子

人们常常分不清蝴蝶和蛾子。虽然大多数人对蛾子的印象和对蝴蝶的截然不同，但其实两者区别并没有那么大。它们都有两对布满鳞片的翅膀，都是鳞翅目昆虫。

蛾子通常腹部粗大、翅膀短小，通常夜间行动，这些都和蝴蝶不同。但总有一些例外，比如重庆能见到的重阳木锦斑蛾就具有纤细的身体和大翅膀，而且会白天活动，而曲纹稻弄蝶作为蝴蝶却腹部粗大，翅膀短小。

不过蝴蝶和蛾子还有一些比较典型的差异。比如从触角的形状去区分，蛾子的触角形态各异（如羽毛状、丝状等），蝴蝶的触角是棒状的。所以传统分类也将蝴蝶归为锤角亚目，蛾子为异角亚目。

蝴蝶

蛾子

蝴蝶与蛾子的特点区分

特征	蝴蝶	蛾子
触角	棒状	羽毛状、丝状
腹部	通常较纤细	通常较肥胖
翅部	一般较宽大	一般较狭窄
前后翅连接	通常无特殊连接器	通常有特殊连接器
休息姿势	通常翅膀合拢	通常翅膀摊开
活动时间	通常白天活动	通常夜间活动

六 蝴蝶的生态价值

除了给人们以美的感受和艺术灵感外，蝴蝶还有非常重要的生态价值。由于蝴蝶和植物的关系密切，蝴蝶可以作为重要的环境指示物，帮助我们了解一个地方的生态环境是否稳定健康。

在人类活动频繁的城市，植物也许就是我们餐桌上的蔬菜、美化生活的装饰品，甚至就是一片深浅不一的绿色而已。但对于蝴蝶来说，丰富的植物群落是它们觅食的饭堂。每一种蝴蝶都有自己的食谱。有的蝴蝶会非常挑剔，只有少数几种植物可以作为它们的“面包”，比如精致的钩粉蝶只喜欢几种朴素的鼠李科植物，漂亮的斐豹蛱蝶只中意堇菜属几种不起眼的小草花。当这些植物被作为不中看不中用杂草、杂灌、杂树清除的时候，失去了食物的蝴蝶也就消失了。

斐豹蛱蝶中意的堇菜属植物

在小区花园里，我们往往只能看到少数几种蝴蝶，甚至看不到蝴蝶，反而在荒山野岭中，我们能观察到形态各异、平时从未见过的蝴蝶，这都是跟蝴蝶的食物——植物种类够不够丰富有相关性的。因此，通过观察蝴蝶，

浓紫彩灰蝶以蓼科火炭母为食

银线灰蝶喜欢的旋花科植物

黄尖襟粉蝶喜欢吃十字花科的碎米荠。

我们就可了解一个地方植物的状况，并了解这个地方整个生态系统的状况。

除此之外，蝴蝶的成虫喜食花蜜，作为“回报”，蝴蝶会帮植物传粉，帮助植物繁衍，因此蝴蝶也是重要的传粉昆虫。

金凤蝶喜欢吃伞形科的野胡萝卜

碎斑青凤蝶则吃木兰科的深山含笑

七 赏蝶秘籍

说了这么多，那我们什么时间、能在哪里观察到蝴蝶呢？

从季节来看，重庆一年四季都能看到不同的蝴蝶，即使是在冬季也能看到大红蛱蝶、黄钩蛱蝶等以成虫形态过冬的蝴蝶。但蝴蝶多起来，还是需要等到 2 月或 3 月份开春之后。有的蝴蝶，比如黄尖襟粉蝶、铁木剑凤蝶等，就只能在春天看到。

蝴蝶是白天活动的昆虫，它们对温度、光线等条件非常敏感。天气晴朗的白天是观赏蝴蝶的好时机。如果下雨，就不用出门找蝶啦！蝴蝶活动

蝴蝶常出没的生境

的时间大多集中在 9—16 点；也有少数蝴蝶，比如眼蝶、弄蝶，喜欢在清晨和傍晚活动。

在晴朗的日子里，通常都能在有花朵的地方找到蝴蝶。城市中常见的马樱丹、接骨草，以及一些菊科植物，都有可能是蝴蝶的蜜源。蝴蝶需要吸取矿物质和水分，所以潮湿的泥地，比如溪边、小水潭的浅滩，常能看到各种蝴蝶吸水，且特别容易观察。

如果你有一个带微距功能的长焦镜头，那么观察蝴蝶一定可以如虎添

翼。生态摄影本身就是一种乐趣。拍摄后定格了画面，回家再仔细观察，可以发现不少肉眼不一定能看见的细节，又增加了一层发现的乐趣。

虽然为了科学研究，科研人员们不得不捕捉一些蝴蝶，但如果人人都去捕捉，对于蝴蝶来讲，就是一场“浩劫”了。所以，还是提倡大家用眼睛、用镜头、用心灵去发现蝴蝶的美好，发现自然的美好，发现荒野的价值。

宽带青凤蝶和橙黄豆粉蝶正在吸水

第二部分

重庆蝴蝶
分类图说

菜粉蝶

一 粉蝶科

菜粉蝶

粉蝶科

菜粉蝶 *Pieris rapae*

如果把重庆蝴蝶按照常见程度排个顺序的话，那么菜粉蝶肯定名列前茅。无论小区、公园，还是农村、野外，都能见到这种以白色为主的蝴蝶。

菜粉蝶繁衍如此成功，跟生活习惯有很大关系。总的来说，它们是一种不怎么挑食，繁殖能力又特别强大的昆虫。菜粉蝶的幼虫，也就是菜青虫，最喜欢吃十字花科的植物。在没有十字花科植物时，它们也可以吃其他植物，如菊科、白花菜科、毛莨科、百合科、紫草科、木犀科等。目前已知菜粉蝶的寄主植物就有 9 科之多。菜粉蝶的繁殖能力也很强，在温暖的地区，一年可以繁殖 5~7 代。

菜粉蝶幼虫取食的十字花科植物很多都是经济作物，因此农民也特别痛恨菜青虫，把它们当作重要的害虫。但菜青虫长大以后成为蝴蝶，和其他蝴蝶一样，都只取食花蜜，且起到传粉作用。所以昆虫和植物的“恩怨”，远远不是“有益”或者“有害”可以简单概括的。

东方菜粉蝶

东方菜粉蝶

东方菜粉蝶 *Pieris canidia*

东方菜粉蝶也是重庆常见的蝴蝶之一。在很多环境中，它的数量甚至超过菜粉蝶。东方菜粉蝶和菜粉蝶无论在颜色、个头、身形还是在飞行姿态方面，甚至连食谱都很相像。

但有一个绝招可以辨别这两种蝴蝶。如果仔细观察东方菜粉蝶后翅背面外缘，会发现明显的三角形黑斑，而菜粉蝶后翅则是干干净净的，没有黑斑。

东方菜粉蝶

菜粉蝶

东方菜粉蝶的后翅有明显的黑斑，而菜粉蝶则没有。

黑纹粉蝶

粉蝶科

黑纹粉蝶

黑纹粉蝶 *Pieris melete*

在一波贴着草地灌木飞行的白色蝴蝶中，有时候你会发现一两只和菜粉蝶以及东方菜粉蝶似像非像的蝴蝶。它们的大小和菜粉蝶相仿，主色调是白色，翅膀上也有黑斑。但是，如果仔细观察，就会发现它们的黑色翅脉非常明显，这给它们的“颜值”加分不少，也让它们与菜粉蝶区别开来。这种蝴蝶就是黑纹粉蝶，同样是重庆城区较为常见的蝴蝶。

和菜粉蝶们一样，黑纹粉蝶幼虫也喜欢吃十字花科的蔬菜，比如芥菜、黄秧白、萝卜、蔊菜等。所以，它们幼虫时期也不怎么招人喜欢。

透过翅膀面可以看到宽边黄粉蝶前翅顶角以及外缘的黑边

宽边黄粉蝶

宽边黄粉蝶 *Eurema hecabe*

有时候，我们在一群贴着地面或低矮灌木翩翩飞舞的白色蝴蝶中，会发现一两只颜色略不相同的。咦，菜粉蝶也有黄色的？如果我们足够贴近观察，则会发现，它们其实和菜粉蝶大不相同呢。宽边黄粉蝶比菜粉蝶略小一点（翅展 40~45 毫米）。翅膀通常呈淡淡的明黄色。翅膀闭合时，我们会看到它翅腹面布满褐色的小点和点状斑纹。如果运气好，看到它们张开翅膀，露出翅膀的背面，会发现前翅外缘有一块黑色的斑纹。这大概也是宽边黄粉蝶名字的来历吧。

宽边黄粉蝶幼虫喜欢吃合欢、胡枝子、皂荚、小扁豆等豆科的植物。当合欢开花的时候，我们在观花之余，也试着看看能不能找到宽边黄粉蝶的身影。

橙黄豆粉蝶

粉蝶科

橙黄豆粉蝶

橙黄豆粉蝶　*Colias fieldii*

橙黄豆粉蝶是在重庆近郊可见，且十分能吸引眼球的粉蝶之一。在秋天的野草地里，它们像飘飞的黄叶，倏忽落进草丛，就再也找不到，直到再次飞起。你只能一直盯着它，找到它落脚之地，然后慢慢靠近，才有机会欣赏。橙黄豆粉蝶飞起来色彩非常艳丽，能看到翅膀正面鲜亮的橙黄色。但当它停落下来，颜色就安静很多。

橙黄豆粉蝶翅正面是橙黄色，外缘有黑色宽边，前翅中室端有一个小黑斑。翅膀腹面是豆黄色，中间有一个黑色斑点，后翅有一白色斑点，镶着褐色的边。翅膀外缘镶着一圈粉红色的毛边，非常精致。

作为豆粉蝶，橙黄豆粉蝶幼虫的食谱是豆科植物，如紫花苜蓿、大豆、百脉根等。它们在全国分布很广，我们分别在缙云山下海拔 200 米、仙女山海拔 1800 米和川西阿坝海拔 2000 多米处发现它们的踪迹。

黄尖襟粉蝶

寄主植物：碎米荠

粉蝶科

黄尖襟粉蝶 *Anthocharis scolymus*

黄尖襟粉蝶是一种个头小小的粉蝶。稍不注意，也会被误认为菜粉蝶，那么，你就会与这种精致的蝴蝶失之交臂。黄尖襟粉蝶体色大体和菜粉蝶类似，但它前翅顶角形成一个优美的尖钩。雄蝶的这个尖钩位置还会有橙黄色的斑纹。雌蝶的尖钩处则是草绿色云状斑纹。黄尖襟粉蝶的后翅腹面都具有草绿色或草黄色的云状斑。

说它难得一见是因为它们只在春天短暂地出现，成虫会在春天产卵后死去，孵化的幼虫以蛹的形态度过漫长的一年，直到来年春天。这种生存策略对蛹的伪装术要求很高，黄尖襟粉蝶的蛹如同一根惟妙惟肖的皮刺，当“生长”在合适的地方，还真的很难发现呢。

黄尖襟粉蝶宝宝最爱吃的食物是十字花科的碎米荠、芸薹等。

圆翅钩粉蝶

圆翅钩粉蝶

圆翅钩粉蝶 *Conepteryx amintha*

很多人第一次见到钩粉蝶会说，哎呀，那不就是菜粉蝶吗？如果有机会走近看，或者用镜头记录下来，就会惊叹于它们的美丽。钩粉蝶翅膀黄绿色，前翅顶角呈尖钩状，翅脉显著，前后翅中间各有一黄色斑点，停住不动时仿佛一片叶脉清晰的树叶。

圆翅钩粉蝶是重庆可见的一种钩粉蝶，特点是后翅近圆形。不过我们在城市周边见到钩粉蝶的机会并不多，因为钩粉蝶幼虫喜欢的鼠李科植物常常生活在山区。所以，一旦进入城市周边的山区森林，见到淡黄色的粉蝶时要多加注意，很有可能就是一只模仿树叶的钩粉蝶。

尖钩粉蝶

尖钩粉蝶

尖钩粉蝶 *Conepteryx mahaguru*

尖钩粉蝶是另外一种重庆可见的钩粉蝶。雄蝶呈黄绿色。雌蝶呈淡黄绿色。尖钩粉蝶前后翅中室端都有橙色小斑，小斑对应的腹面是褐色小斑，和圆翅钩粉蝶比起来，它的前翅尖钩更为明显，后翅后缘也有明显凸起。

黄钩蛱蝶(秋型)

二 蛱蝶科

黄钩蛱蝶反面有一个明显的“L”形斑

黄钩蛱蝶 *Polygonia c-aureum*

冬天能见到蝴蝶吗？答案是肯定的。比如，在重庆市区风和日丽的冬日里，很可能见到一只黄色的大蝴蝶在一朵金盏菊或者别的什么花朵上一边吸食花蜜，一边晾晒翅膀，这个蝴蝶有极大概率就是黄钩蛱蝶。

黄钩蛱蝶翅膀闭合起来的时候非常像枯叶，后翅背面有一个明显的白色斑点，仿佛一个“L”形的钩子，这也是它们名字中“钩”字的由来。此外，它们的前翅外缘角突非常尖锐，也是非常形象的钩子。

春天出生的黄钩蛱蝶长得更加圆润，翅膀边缘没有那么尖。而要在秋冬生存的黄钩蛱蝶，翅膀边缘更尖，翅膀反面的颜色更加接近秋天枯叶的颜色。

因为寄主植物是葎草，黄钩蛱蝶成了少数几种在人类干扰后的自然环境中生活得如鱼得水的蝴蝶——这让它们在城市中变得比其他蝴蝶更加常见。之所以能在冬天看到它们，是因为黄钩蛱蝶是以成虫形态越冬的。冬季，它们的成虫会找个遮风避雨的地方蜷缩起来，只在天气晴朗、气温升高的时候出来活动。

小红蛱蝶

小红蛱蝶

小红蛱蝶 *Vanessa cardui*

小红蛱蝶是重庆常见蝴蝶的“颜值担当”。它们的翅膀背面以明亮的橙黄色为主色调，具有复杂的黑色斑纹，前翅顶角是黑色，有白色小斑，后翅外缘则有一系列黑色点状斑纹。和大多数蛱蝶一样，小红蛱蝶的翅膀正反两面颇有差异。当它收拢翅膀，把腹面（反面）展示出来的时候，我们会看到前翅翅尖变成更低调的灰褐色，而整个后翅则变成灰褐色，上面有复杂、迷彩的斑纹以及一列眼斑。

小红蛱蝶幼虫的食谱非常广泛，菊科、紫草科、豆科、马鞭草科、蔷薇科、伞形科等很多植物都是它们的最爱。有调查表明，小红蛱蝶寄主植物有多达 100 多种。无论是在世界范围还是重庆，其分布都是比较广泛的。

我们曾经在重庆闹市街头、郊野公园和海拔 2000 米的山地都看到过它们翩翩飞舞的身影。

大红蛱蝶

大红蛱蝶

大红蛱蝶 *Vanessa indica*

大红蛱蝶也是重庆四季常见的蛱蝶。它们和小红蛱蝶长得挺像，体形会略大一些。不过两者最大的区别在于后翅的背面：大红蛱蝶后翅大部分是暗褐色，没有斑纹，只在外缘区域有橙红色，并有黑色斑点。

大红蛱蝶的成虫也可以越冬。冬天的大红蛱蝶特别喜欢结香花。阳光的午后，观察雪白的结香花球上大红蛱蝶贪婪地吸食着花蜜，会让你的冬日幸福感倍增。

大红蛱蝶幼虫喜欢吃苎麻、黄麻、荨麻、榆树等植物。

一对斐豹蛱蝶

斐豹蛱蝶(雄性)

斐豹蛱蝶 *Argyreus hyperbius*

斐豹蛱蝶是一种色彩艳丽的蝴蝶。它以鲜亮的橙色作为主基调，翅面上布满黑色和白色的斑点及花纹，颇具观赏价值。

斐豹蛱蝶是典型的雌雄异型蝴蝶。雌蝶的前翅顶角呈蓝紫色，有一条白色斜带，这是担任繁衍任务的雌蝶“挖空心思”，模拟有毒的金斑蝶的模样。而雄蝶则没有这个特征。

斐豹蛱蝶幼虫喜欢吃堇菜科的植物，如紫花地丁等。

嘉翠蛱蝶

嘉翠蛱蝶

嘉翠蛱蝶 *Euthalia kardama*

嘉翠蛱蝶并没有那么“翠绿”，而是有些灰绿。在荫蔽处更能看清那一抹低调的绿色，但在明亮的光线下面，看起来就是一只颜色灰暗的蝴蝶。嘉翠蛱蝶前后翅有一列白斑，镶有黑色的边缘线，翅膀上有云状花纹。

嘉翠蛱蝶在重庆山林中并不罕见，它们常常出现在林中的路边，甚至道路中间。

嘉翠蛱蝶的寄主植物是棕榈。

网丝蛱蝶

网丝蛱蝶

蛱蝶科

网丝蛱蝶 *Cyrestis thyodamas*

网丝蛱蝶又叫地图蝶、石墙蝶。这些名字的由来，只要你看到网丝蛱蝶的样子就知道了。网丝蛱蝶的翅膀主体呈乳白色，略带一些古旧的黄色，仿佛一张古老的地图，又好像被水侵蚀的大理石。黑色丝状纹路纵向分布，从前翅一直贯穿到后翅，和横向的翅脉构成阡陌纵横的“小路”，略有尾突。

和其他蛱蝶一样，网丝蛱蝶有“重口味”的习惯，喜欢吸食腐烂的果实、树干中的汁液，偶尔也会吸食花蜜。所以我们在潮湿的地面、岩壁见到网丝蛱蝶的概率可能会超过盛开的花朵。网丝蛱蝶飞起来“晃晃悠悠”“飘飘忽忽”，不知道是不是吸食太多发酵的汁液喝醉了呢。

网丝蛱蝶在重庆还是比较常见。从城区到南山、金佛山等低海拔地区，都能见到它的身影。

网丝蛱蝶的幼虫喜欢吃桑科榕属的植物。

枯叶蛱蝶

枯叶蛱蝶

枯叶蛱蝶 *Kallima inachus*

枯叶蛱蝶，或者我们常说的枯叶蝶，是一种具有传奇色彩的蝴蝶，以致不少人认为只有在神秘遥远的雨林才能找到它。其实，在重庆也能见到枯叶蝶。

当枯叶蝶翅膀闭合，停下休息的时候，我们能看到它翅膀的腹面呈斑驳枯黄的烂树叶的颜色。它的前翅顶角形成一个斜向上方的弯钩，模拟叶尖，而后翅臀角则进化成叶柄的形状。一条纵纹从上到下贯穿，仿佛树叶的主脉。如果没有触须和腿暴露它的真实面目，则完全是一片枯叶的样子。

当枯叶蝶振翅飞行，露出翅膀背面，则会展露出令人惊艳的橙黄色配蓝紫色的翅膀。这种充满艺术气息的互补色搭配，让人惊叹无比。

蛱蝶科不少种类的蝴蝶都具有这种两面性，翅膀背面低调、枯槁，正面华丽，包括常见的黄钩蛱蝶、美眼蛱蝶等。但论拟态的逼真程度，以及给人带来的矛盾对比的冲击力，第一还是非枯叶蛱蝶莫属。

枯叶蝶喜欢吃爵床科（如马蓝）植物。

拟斑脉蛱蝶（夏型）

拟斑脉蛱蝶

拟斑脉蛱蝶 *Hestina persimilis*

拟斑脉蛱蝶有着红色的眼睛，嫩黄的口器。这给它黑白相间的单调配色增加了不少鲜艳色彩。拟斑脉蛱蝶的特别之处在于，随着季节不同，它们会出现两种迥异的形态。夏型的成虫颜色黑白分明，黑色为主，布满白斑。而春型的蝴蝶黑色部分则暗淡很多。从腹面看起来，几乎以黄白色为主，加上黑色的脉纹。

人们对拟斑脉蛱蝶的生活习性研究得还不是很多。不过在重庆缙云山，甚至主城的地铁站都发现过它的身影。有兴趣的朋友们可以多来研究它，说不定会有惊喜的意外发现。

散纹盛蛱蝶

散纹盛蛱蝶

散纹盛蛱蝶 *Symbrenthia lilaea*

散纹盛蛱蝶又叫黄三线蛱蝶，这个名字形象地概括了它的形态特征——黑色的翅膀上有 3 条橙黄色的带纹。它的翅膀腹面则是淡黄色，布满不规则的大理石状的纹路，后翅有一个小小的突起。

散纹盛蛱蝶幼虫喜欢吃荨麻科的苎麻等植物。

重环蛱蝶

重环蛱蝶

重环蛱蝶 *Neptis alwina*

重环蛱蝶属于蛱蝶科环蛱蝶属。环蛱蝶的种类很多，我国已经记录的有 60 多种，仅重庆就记录有 30 多种。环蛱蝶的颜色大多黑白、褐白或者黑黄搭配，花纹长得比较相似，通常前翅有一列斑带，后翅两列斑带。环蛱蝶飞行姿势很有特点，它们快速振翅，然后平平地滑翔。分辨不同的环蛱蝶对于初学者来说是一件极具挑战的任务，因为需要对蝴蝶的翅脉、斑纹进行非常仔细的辨别，有时候甚至需要借助对于外生殖器的研究，来帮助判断。

与断环蛱蝶、小环蛱蝶、中环蛱蝶不同，重环蛱蝶的前翅斑带没有明显的断裂，且外缘不平整。亚顶角散布着小白斑。后翅正面有 2 列白斑。

环蛱蝶族的蝴蝶幼虫大多以豆科、榆科、蔷薇科、椴树科、锦葵科植物为食。重环蛱蝶的寄主植物为蔷薇科的桃、梅、杏等。

翠蓝眼蛱蝶

翠蓝眼蛱蝶

翠蓝眼蛱蝶 *Junonia orithya*

翠蓝眼蛱蝶翅膀正面的颜色非常艳丽。它的翅膀基部是藏青色，慢慢向后晕染，在后翅中部变成一大片艳丽的宝蓝色。中间有两个巨大的橙红色眼斑。它的前翅基部也有宝蓝色斑块和橙红色镶黑边的条纹和橙红色眼斑。翠蓝眼蛱蝶翅膀背面比较低调，呈灰褐色，有不明显的眼斑。

翠蓝眼蛱蝶幼虫喜欢爵床科水蓑衣属等植物。

美眼蛱蝶

美眼蛱蝶

美眼蛱蝶 *Junonia almana*

美眼蛱蝶仿佛进化中的枯叶蝶，它努力模仿枯叶的样子——只需要把前翅顶角的弯钩再美化得更自然流畅一点就“成功”了。美眼蛱蝶翅膀打开后，黄色的前翅和后翅上分别有一枚巨大的眼斑。后翅尤其醒目。黑色眼眶，黄色眼圈，红色眼仁，黑色瞳孔，甚至还有两个白点仿佛眼珠上的反光，想必对于敢于侵犯的敌人极具震慑力。

美眼蛱蝶幼虫喜欢的食物有车前草科的大车前、车前，玄参科、苋科等科的植物。

碧凤蝶

三 凤蝶科

碧凤蝶

凤蝶科

碧凤蝶 *Papilio bianor*

天气晴朗的花园，经常可以看到硕大的黑色蝴蝶在花间翩翩起舞，吸食花蜜。它们姿态优美，行踪不定，往往没有等到人靠近，就一展翅膀，越过高高的树梢飞远。重庆城区常见的以黑色为主色调的凤蝶种类并不多，碧凤蝶就是其中的一种。

碧凤蝶雄蝶翅背面布满蓝绿色鳞片，在阳光下会闪出金属的光泽，前翅后部具有绒毛状性标，后翅背面亚外缘有紫红色飞鸟形斑，后翅腹面亚外缘为红色飞鸟斑。碧凤蝶雌性的翅膀底色略浅，背面蓝绿色鳞片稀疏一些，是清晰的飞鸟形红斑。

碧凤蝶飞起来时，镜头很难捕捉到它们的身影。不过当它们停歇晾晒翅膀，或者专注喝水的时候，是最好的拍摄和仔细观察的时机。

碧凤蝶幼虫的食谱包括芸香科的柑橘、花椒、野花椒、吴茱萸等植物。

玉带凤蝶（雌性）

凤蝶科

玉带凤蝶(雄性)

玉带凤蝶 *Papilio polytes*

玉带凤蝶是城区另外一种常见的黑色大蝴蝶。雄性玉带凤蝶的黑色翅膀上，后翅中后区有一列醒目的白斑，即使很远也能分辨，这也是玉带凤蝶名字的由来。

它的雌蝶与雄蝶样貌差别很大，雌蝶后翅中部有 2~5 个白斑和红斑，后翅亚外缘有一系列红色月牙形斑点。雌蝶的花纹模拟有毒的红珠凤蝶，也是一种“聪明”的拟态。

玉带凤蝶幼虫喜欢吃芸香科柑橘属的植物。

玉斑凤蝶

玉斑凤蝶

玉斑凤蝶 *Papilio helenus*

玉斑凤蝶是重庆可见的一种大型黑色蝴蝶，和玉带凤蝶比较类似。其特点是后翅中部靠近前缘有 3 块白斑。

玉斑凤蝶幼虫的食物是芸香科植物。

青凤蝶

青凤蝶

青凤蝶 *Graphium sarpedon*

在重庆，四五月份的时候，天气暖和起来就可以看到青凤蝶。晴朗的天气，在小区花园里的马樱丹、郊外长得茂盛的接骨草上，看到青凤蝶翩翩起舞的概率很高。青凤蝶翅膀主色调呈黑色，前后翅贯穿一条青蓝色的斑纹，后翅的反面有很多个红色的小斑。

青凤蝶幼虫喜欢吃樟科植物，比如香樟、木姜子等。重庆遍种樟树，这也是青凤蝶如此常见的重要原因。

碎斑青凤蝶

碎斑青凤蝶

碎斑青凤蝶 *Graphium chironides*

碎斑青凤蝶也是以黑色、青蓝色为主要色调，点缀橘黄色的斑点。如它的名字所示，碎斑青凤蝶的青蓝色部分是作为细碎的斑点遍布前后翅。碎斑青凤蝶腹面基部有一个黄色圆斑，这是它与另外一种非常相似的青凤蝶——黎氏青凤蝶的辨识要点。

碎斑青凤蝶的幼虫喜欢吃木兰科的深山含笑、广玉兰等。

柑橘凤蝶

柑橘凤蝶

凤蝶科

柑橘凤蝶 *Papilio xuthus*

柑橘凤蝶是重庆较为常见的黄色系凤蝶。它黑色的翅膀上布满鹅黄色的斑块。后翅背面臀角处有一个橘色的圆斑，里面还有一个小黑点。柑橘凤蝶是观察蝴蝶生活史最好的蝶种类之一。它的幼虫喜欢吃芸香科柑橘属植物的嫩叶。因此，在家种植一盆柑橘，就很有希望吸引柑橘凤蝶妈妈前来产卵。

除了柑橘，芸香科花椒属的不少植物也是柑橘凤蝶幼虫的最爱。

金凤蝶

金凤蝶

金凤蝶 *Papilio machaon*

同属“黄色系”凤蝶，金凤蝶在重庆虽然没有柑橘凤蝶那么常见，但也有出现的概率。金凤蝶成虫和柑橘凤蝶很相似，都是黑底带黄色的碎斑。分辨的诀窍有两点：首先看前翅背面基部的图案，柑橘凤蝶有几条放射状黑纹，而金凤蝶则是一片灰黑色。还可以观察臀角出的红点，柑橘凤蝶红点中有一个小黑点，而金凤蝶则没有。

别看金凤蝶和柑橘凤蝶长大了相似，小的时候差别可大了。柑橘凤蝶幼虫五龄以前都是鸟粪状，五龄后变成长着“假眼”的大青虫，而金凤蝶则是霸气醒目的黄、黑、绿三色大青虫。

金凤蝶幼虫的食谱也与柑橘凤蝶大不相同，它们喜欢吃伞形科的野胡萝卜、茴香等植物。

铁木剑凤蝶

铁木剑凤蝶

铁木剑凤蝶 *Pazala timur*

铁木剑凤蝶翅膀轻薄、尾突细长，翅膀呈乳白色。黑色带纹从上到下，从前翅贯穿到后翅，靠近臀角处有黄色斑点。在花丛中飞舞时，特别轻灵、潇洒。

铁木剑凤蝶也是一年中难得一见的蝴蝶，它们只在春天（三四月）出现。成蝶后度过短暂一生，在产卵后死去。幼虫孵化后以蛹的形式度过一年余下的时光，并等到来年春天羽化成蝶。

铁木剑凤蝶幼虫以樟科的樟树、红楠等植物为食。

红珠凤蝶

红珠凤蝶

红珠凤蝶 *Pachliopta aristolochiae*

红珠凤蝶翅膀呈黑色或黑褐色，后翅腹面亚外缘有 7 个近乎圆形的红斑，后翅中域有 3~5 个并行排列的白斑。红珠凤蝶和玉带凤蝶的雌蝶非常类似，一个明显的区别是，红珠凤蝶的身体是红色有黑斑，而玉带凤蝶的身体是黑色的。

红珠凤蝶幼虫喜欢吃马兜铃科植物，因此对于鸟儿来说也是有毒的。正是由于这个原因，担负繁衍任务的雌性玉带凤蝶才颇费苦心地模仿它。

灰绒麝凤蝶

灰绒麝凤蝶

凤蝶科

灰绒麝凤蝶 *Byasa mencius*

灰绒麝凤蝶个头较大，甚至略大于碧凤蝶。它们的腹部呈红色，有黑斑。黑色翅膀巨大，前翅纯黑色，后翅腹面有 6 个红色月牙形红斑，正面有 4 个月牙形红斑。灰绒麝凤蝶和中华麝凤蝶类似。

麝凤蝶幼虫喜欢吃马兜铃科植物。

酢浆灰蝶

四 灰蝶科

酢浆灰蝶

酢浆灰蝶 *Zizeeria maha*

酢浆灰蝶可以和东方菜粉蝶媲美，是重庆常见蝴蝶前三甲之一。从草地上经过，常常会惊起指甲盖大小的昆虫在草丛中贴着草尖低飞，灰灰的，好像蛾子。在这些低飞的昆虫中，可能就有酢浆灰蝶。

酢浆灰蝶体形很小，飞行能力弱，貌不惊人，只有偶尔瞥到它翅膀张开的一刹那，会让你眼前一亮，灰褐色翅膀背面淡蓝色的光泽。它的翅膀腹面是灰白色，有两排近弧形排列的黑斑，仔细看，它还是挺精致的。酢浆灰蝶没有尾突。

顾名思义，酢浆灰蝶幼虫的主要食物是酢浆草科的植物。选择这种生命力极强的植物作为食物，这也是酢浆灰蝶能够成功占领城市各个角落的重要原因。

浓紫彩灰蝶（雌性）

浓紫彩灰蝶（雄性）

浓紫彩灰蝶 *Heliophorus ila*

并非所有灰蝶都黯淡无光。浓紫彩灰蝶就是重庆城中很常见的有着艳丽色彩的灰蝶。虽然浓紫彩灰蝶个头很小，但是只要留心观察，还是很容易在低矮的花丛或者路边的植物丛中发现正在吸食花蜜或水分和矿物质的浓紫彩灰蝶。

它们的翅膀腹面是明亮的黄色，前后翅外缘有醒目的橙红色，配上黑色的斑点和白色的镶边，翅膀背面棕黑色。雄蝶在前翅中域有暗蓝色金属光泽。雌蝶前翅中域有橙色斑块。

浓紫彩灰蝶很好观察。它们常常趴在路边不停搓动后翅，让触须一般的尾突上下抖动，以此迷惑敌人。可能对于自己的伪装术比较自信，所以它们也不怎么怕人。

浓紫彩灰蝶幼虫的食物也很常见，是一种适应性很强的植物——蓼科的火炭母。

霓纱燕灰蝶

霓纱燕灰蝶

霓纱燕灰蝶 *Rapala nissa*

霓纱燕灰蝶是灰蝶科中个头较大的种类，它最大的特点在于其不可描述的颜色——一种从赭黄到蓝黑的渐变金属色，想象一下霓纱的感觉就知道了。这种蝴蝶背面呈紫黑色，有蓝紫色金属光泽。

翅膀闭合时可见其后翅有一个黑色橙红色斑点。它有着细长、飘逸的尾突。它的头部也很有趣，活像戴着眼罩的佐罗。

霓纱燕灰蝶幼虫喜欢蔷薇科、鼠李科植物，在重庆城市的公园、小区中都有机会见到它。

蓝灰蝶

蓝灰蝶(雄性)

灰蝶科

蓝灰蝶 *Everes argiades*

蓝灰蝶也是一种在草丛中低飞的蝴蝶。走过草地时会惊起它们。蓝灰蝶翅膀腹面整体呈灰白色，有零星的黑色斑点，后翅臀角处有橘红色斑点，有一对尾突。蓝灰蝶的蓝色在其翅膀背面，雄蝶翅膀张开时，能看到蓝色的金属光泽，但雌蝶比较低调，就只有黑褐色了。

蓝灰蝶幼虫喜欢豆科的白花车轴草、大麻科葎草等植物。

点玄灰蝶

灰蝶科

点玄灰蝶

点玄灰蝶 *Tongeia filicaudis*

点玄灰蝶和蓝灰蝶有点相像，但点玄灰蝶的背面是黑色的。它的翅膀腹面灰白色，前后翅从中部到外缘有多排黑色的斑点，尤其是近外缘两排整齐而明显。它有一对小小的尾突，在靠近尾突的地方有黄色斑点。

点玄灰蝶幼虫喜欢景天科圆叶景天、垂盆草等植物。

银线灰蝶

银线灰蝶

银线灰蝶 *Spindasis lohita*

银线灰蝶翅膀腹面呈淡黄色，有多条黑褐色斑纹。每条黑纹中间都有一根银白色的细线，这就是它名字中“银线”二字的来历。银线灰蝶有两对细细的尾突，末端白色。靠近尾突处有橘黄色斑块，中有黑色斑点。银线灰蝶背面黑褐色，靠近翅膀基部有紫色光泽。

银线灰蝶的幼虫以旋花科、薯蓣科、桃金娘科、蔷薇科、豆科等科植物为食。

直纹稻弄蝶

五 弄蝶科

直纹稻弄蝶

直纹稻弄蝶 *Parnara guttata*

灰扑扑的颜色，毛茸茸的外形，肥墩墩的身材，直纹稻弄蝶很容易被误认为是蛾子。可仔细一看，精致略带弯钩的触角，明明白白表明了它们弄蝶的身份。直纹稻弄蝶是很常见的弄蝶之一。它们有很长的喙，可以深入某些管状花的深处去吸食花蜜。可惜它们不像凤蝶那么善于飞行，吸蜜的时候，只能站在花朵上，费力地把“吸管”插进去，再费力地拖出来。

有人为直纹稻弄蝶编了一个识别口诀，“前翅白斑点，围成半圆月，后翅四白斑，排成一直列”，还是非常形象的。

直纹稻弄蝶的寄主植物是禾本科的，包括水稻，所以它们也是农业生产中不受欢迎的昆虫之一。

黑弄蝶

黑弄蝶

黑弄蝶 *Daimio tethys*

黑弄蝶黑白相间，颜色醒目。但它们常常张开醒目的翅膀趴在一片碧绿的叶子上，让人颇为不解：难道它们不怕自己太过显眼，招来杀身之祸吗？

黑弄蝶主色调是黑褐色。前翅中部有很多大小不一的白斑，后翅中部有一个大大白斑，外缘点缀着一些小黑斑。

黑弄蝶的幼虫喜欢吃薯蓣科的植物。

黑边裙弄蝶

黑边裙弄蝶

黑边裙弄蝶 *Tagiades menaka*

同为“黑白配”的弄蝶，黑边裙弄蝶更有水墨画的味道。它的前翅近顶角的区域撒着一些小白点，后翅中部有一大块白色的斑带，上面水墨画一般点着一排黑斑。黑斑裙弄蝶也会大大咧咧地趴在绿色的树叶上。黑白色也是鸟粪的“经典配色”，难道是它自以为自己装得很像一堆鸟粪？或许在鸟儿眼中，的确如此吧。

黑斑裙弄蝶幼虫喜欢吃薯蓣属的植物。

白伞弄蝶

弄蝶科

白伞弄蝶

白伞弄蝶 *Bibasis gomata*

白伞弄蝶有着胖乎乎的长满黄色绒毛的胸，黑白相间的肚皮，还有黑白条纹的翅膀。

它们的幼虫喜欢吃五加科的鹅掌柴等植物。白伞弄蝶幼虫吃饭时喜欢把自己包裹在叶子中，躲起来慢慢吃。

瞿眼蝶

六 眼蝶科

瞿眼蝶

瞿眼蝶 *Ypthima baldus*

要认识眼蝶，需要会数圈。瞿眼蝶腹面前翅一个眼斑，后翅两两成对，一共有 3 对 6 个眼斑，都是黑色“眼仁”、橙色“眼白”和褐色“眼眶”，眼斑周围密布深褐色网状纹路。它的翅膀背面有眼斑，前翅 1 个大眼斑，后翅 2 个小眼斑。

瞿眼蝶的寄主植物是禾本科的淡竹叶。

曲纹黛眼蝶

眼蝶科

曲纹黛眼蝶

曲纹黛眼蝶 *Lethe chandica*

曲纹黛眼蝶是重庆常见的黛眼蝶，个头有普通蛱蝶大小。通常灰扑扑地躲在阴暗潮湿的林木中，从里到外都很低调。

曲纹黛眼蝶的翅膀腹面有几道弯弯曲曲的条纹，后翅腹面有6个眼斑，里面有多个小白点。雄蝶的翅膀背面为黑褐色，没有斑纹，雌蝶有白色斜带。

曲纹黛眼蝶的寄主植物是绿竹、桂竹、毛竹等禾本科植物。

白带黛眼蝶

白带黛眼蝶

白带黛眼蝶 *Lethe confusa*

白带黛眼蝶也是一种不太引人注目的蝴蝶，黑褐色为主色调。在它们通常示人的翅膀腹面上，最醒目的就是前翅顶角的眼斑和白斑，以及前翅中部的大条白色斑纹。后翅则有6个眼斑，按照“大—小—小—小—大—小”的顺序排列。其中，最后的眼斑是双眼珠。它们的翅膀正面黑褐色，有白色斜宽带。

白带黛眼蝶幼虫喜欢吃禾本科的桂竹等植物。

拟稻眉眼蝶

拟稻眉眼蝶

拟稻眉眼蝶 *Mycalesis francisca*

拟稻眉眼蝶翅面呈褐色，前翅正面中域外侧有一个黑色眼斑。湿季型拟稻眉眼蝶的翅反面有清晰的眼斑。旱季型拟稻眉眼蝶的眼斑消失，仅有小眼点。翅反面中域有灰蓝色横带，外缘有深褐色边。

朴喙蝶

七 喙蝶科

朴喙蝶

朴喙蝶 *Libythea lepita*

在观蝶爱好者眼中，朴喙蝶名气很大，它有着珍稀蝶种、古老蝶种、长寿蝴蝶等各种称谓。可是，当你在重庆的山林里偶遇这种蝴蝶，可能会略有些失望——粗看起来，朴喙蝶就像一只被风雨打残的普通蛱蝶。朴喙蝶翅膀背面呈深褐色，前翅顶端突出呈钩状，像一把菜刀，后翅外缘锯齿状。合拢时，活像翅膀被生生撕脱了一半。

它的翅膀背面也很低调，褐色翅膀上有暗橙色的条纹和斑点，看起来的确很古老。

朴喙蝶的“长寿”美誉来源于它可以以成虫形态过冬的生活习性。从头年四五月到第二年 3 月，大概是 10 个月的生活期，对于绝大多数只能活一个月的蝴蝶成虫，这的确算是长寿。

朴喙蝶之所以叫喙蝶是由于有一个特别的“长嘴巴”，这个突出的“喙”其实是它的下唇须，同样造型的蝴蝶，在一个有两亿多年历史的蝴蝶化石中也有，足以证明其古老。另外，它的幼虫喜欢吃朴树，所以叫朴喙蝶。

苎麻珍蝶

八 珍蝶科

苎麻珍蝶

苎麻珍蝶 *Acraea issoria*

苎麻珍蝶是我国仅有的两种珍蝶之一，是一种轻灵、美丽的蝴蝶。它们的翅膀较长，看起来比别的蝴蝶显得更“扁”。翅膀是明亮的黄色。前翅外缘有黑色的宽带，内有黄白色近似三角形的斑点，后翅的黑带和斑点形成了一些锯齿状的纹路，具有很高的辨识度。

苎麻珍蝶幼虫的食物是荨麻科的苎麻、荨麻、水麻等。

大绢斑蝶

九 斑蝶科

大绢斑蝶

大绢斑蝶 *Parantica sita*

大绢斑蝶是重庆较为常见的斑蝶品种。它整体呈石青色，前翅翅膀边缘及翅脉呈棕褐色，后翅边缘和翅脉棕红色，仿佛褪色了一般。

作为斑蝶科的成员之一，大绢斑蝶喜欢吃有毒的植物，如夹竹桃科南山藤、马利筋、球兰等植物，因此也是鸟儿惧怕的有毒蝴蝶。对于斑蝶科蝴蝶，长距离迁徙并不是一件新鲜事。在中国香港深水湾就曾发现了自日本和歌山县迁移过去的大绢斑蝶。除了大绢斑蝶，最有名的就是美国的帝王蝶，也叫黑脉金斑蝶，它们每年可以从加拿大跨越美国迁徙到墨西哥。中国台湾的紫斑蝶每年南北迁徙，冬天在中国台湾南部茂林一带群聚过冬，成为当地一大景观。

虎斑蝶

虎斑蝶

虎斑蝶 *Danaus genutia*

虎斑蝶的底色为明亮的橙黄色。前翅端有大片黑色，上面布有 5 个大白斑，组成一条白色斜带，附近有几个小白点。前后翅外缘为黑褐色，布有两列白斑。翅脉黑褐色。

虎斑蝶喜欢夹竹桃科的刺瓜、牛皮消、马利筋、假防己、夜来香等植物。

波蚬蝶

十 蚬蝶科

波蚬蝶

波蚬蝶 *Zemeros flegyas*

波蚬蝶通体红褐色，前后翅放射状排列褐色斑纹，每个斑纹内都有一个小白点。近外缘褐色斑纹中的白点均位于外侧，仿佛向外溅出的水花。前后翅外缘波浪状。

波蚬蝶在重庆较为常见，寄主为杜茎山等。

停在帽子上的银纹尾蚬蝶

银纹尾蚬蝶

银纹尾蚬蝶 *Dodona eugenes*

银纹尾蚬蝶长得比较随意。它的翅膀腹面黑褐色，上面仿佛谁用笔随意画了几条白色和黄色相间、粗细不一的线条，就草草收场了。还好它有一个圆圆的、波浪形状的后翅外缘，臀角突起的小尾巴在它翅膀收拢时微微上翘，增加了几分俏皮的感觉。银纹尾蚬蝶翅膀背面灰褐色，两列黄色斑点一直从前翅前缘延续臀角处，前翅顶角有几个白色斑点。

银纹尾蚬蝶在重庆较为常见，如果机缘巧合，说不定它就会主动跑上门来。左侧这幅照片就是在铁山坪散步时，主动跑到帽子上来的一只。

银纹尾蚬蝶的寄主为酸藤子属等植物。

后记

Postscript

蝴蝶是我们生活中常见的美丽昆虫，观察蝴蝶帮助我们走进大自然。但是，目前帮助普通市民了解这些美丽生物的科普读物比较少。本着让重庆人更了解重庆蝴蝶这样一个初衷，我们在各方的支持和鼓励下编写了这本小册子。

所以本书并不是研究性专著，而是一本希望带大家走进蝴蝶世界，通过观察蝴蝶，开启探索自然奥秘大门的科普读物。我们也希望借助这本读物，以蝴蝶为切入点，增加大家对重庆本土山川自然的关注。

为了增加本书对普通读者的阅读友好性，我们在保证科学性的前提下，在蝴蝶种类的选择、排序上，大都遵循着常见、好看，这样的“非学术”标准。图片多来自自然介及其小伙伴在重庆市域内的拍摄，比如我们散步的公园、小区甚至地铁站。

希望这本小册子可以成为重庆公众参与蝴蝶自然观察的小起点，让更多人走进自然、关爱自然、敬畏自然、保护自然。

参考文献 Reference

[1] 朱建青，谷宇，陈志兵，等 . 中国蝴蝶生活史图鉴［M］. 重庆：重庆大学出版社，2018.

[2] 李爱民，邓合黎，马琦 . 重庆生态功能区蝴蝶多样性参数［J］. 生态学报，2012(32-15)：6869-4889.

[3] 晏华，袁兴中，刘文萍，等 . 城市化对蝴蝶多样性的影响：以重庆市为例［J］. 生物多样性，2006，14(3)：216-222.

[4] 王晓燕，袁兴中 . 重庆市区主城区蝴蝶物种多样性的初步研究［J］. 资源开发与市场，2008，24(9)：815-819.

[5] 周尧 . 中国蝴蝶原色图鉴［M］. 郑州：河南科学技术出版社，1999.

[6] 陈泽晗 . 中国环蛱蝶族系统分类研究［D］. 杨凌：西北农林科技大学，2015.

[7] 董立坤，朱小明 . 素眼观蝶：武汉蝴蝶生态图鉴［M］. 武汉：湖北科学技术出版社，2017.

[8] 傅礁 . 图说缙云山蝴蝶［M］. 重庆：西南师范大学出版社，2015.

[9] 唐志远 . 酷虫野趣：蝴蝶［M］. 北京：电子工业出版社，2014.

重庆市生物多样性科普丛书

花漫·山城

Hua Man Shan Cheng

陈竹　何强　主编

中国环境出版集团·北京

图书在版编目 (CIP) 数据

重庆市生物多样性科普丛书 . 花漫山城 / 陈竹，何强主编 .
-- 北京 : 中国环境出版集团 , 2023.5
ISBN 978-7-5111-5504-7

Ⅰ . ①重… Ⅱ . ①陈… ②何… Ⅲ . ①野生植物—花卉—生物多样性—重庆—图集 Ⅳ . ① Q16-64

中国国家版本馆 CIP 数据核字 (2023) 第 077285 号

出 版 人 武德凯
责任编辑 田 怡
封面设计 彭 杉

出版发行 中国环境出版集团
（100062 北京市东城区广渠门内大街 16 号）
网　　址：http://www.cesp.com.cn
电子邮箱：bjgl@cesp.com.cn
联系电话：010-67112765（编辑管理部）
010-67112736（第六分社）
发行热线：010-67125803，010-67113405（传真）
印　　刷 玖龙（天津）印刷有限公司
经　　销 各地新华书店
版　　次 2023 年 5 月第 1 版
印　　次 2023 年 5 月第 1 次印刷
开　　本 787 × 960　1/16
印　　张 12
字　　数 176 千字
定　　价 188.00 元（全三册）

编委会

序言

Foreword

两千多年前，孔子教导弟子学《诗》，可以“多识于鸟兽草木之名”（《论语·阳货》）。审美教育和生态教育融合，由学《诗》识得鸟兽草木，从自然万物引发人情事理，可见圣人先贤朴素自觉的生态伦理观。近现代国学大师钱穆在《论语新解》中引申说道:“对天地间鸟兽草木之名能多熟识，此小言之也。若大言之，则俯仰之间，万物一体，鸢飞鱼跃，道无不在，可以渐跻于化境，岂止多识其名而已。”他认为孔子教人“多识于鸟兽草木之名”，实为亲近自然，开阔胸怀，到达仁德之境。

将时钟拨回现在，飞机、高铁、卫星、宇宙飞船，人们可以踏入更广阔的空间；广播、电视、手机、互联网，新型的传播方式串联起大千世界。时代变迁，但照耀过孔子的太阳依然升起，照耀着山川河流、照耀着鸟兽草木，照耀着你、照耀着我，照耀着自然万物、照耀着芸芸众生……

大自然因多样而多彩，因复杂而有趣。生物多样性让地球充满生机，是人类生存和发展的基础，更是人与自然和谐共生的生动体现。保护生物多样性有助于维护地球家园，促进人类可持续发展。

重庆位于青藏高原与长江中下游平原过渡地带，是长江上游重要生态屏障，地域内复杂多变的地形地貌、充沛的水热条件及众多的河流，孕育了丰富的生物多样性。全市分布有野生维管植物近6000种、陆生野生脊椎动物800余种、江河鱼类180余种，包括崖柏、珙桐、银杉、红豆杉、水杉、荷叶铁线蕨，黑叶猴、林麝、中华秋沙鸭、大灵猫、小灵猫，长江鲟、中华鲟、胭脂鱼、鲈鲤等珍稀物种。我们日常所见、易于接触的野花、蝴蝶、鸟类资源更是丰富而独特，为重庆这座“山城”“江城”增添无穷生趣。

“重庆市生物多样性科普丛书”是一套图文并茂的科普读物。在广泛田野调查基础上，筛选常见的近 100 种野花、50 种蝴蝶、50 种鸟类，从生物属性科普简介、观察方法技巧和鲜活生动的故事讲述等方面入手，真诚面向社会公众，用通俗易懂的文字、精美清晰的图片引领我们进入神奇的大自然，感受多样的生物物种，体味独有的地域特色。此书寓教于乐，可作为广大自然生态爱好者的科普读物，家庭亲子教育的书籍，各级生态文明示范学校的校本教材和环保志愿者科普教育、户外研学的参考资料。

近年来，为深学笃用习近平生态文明思想，全面贯彻落实党的二十大精神，重庆市生态环境宣传教育中心深耕厚植环境教育，致力于“生态文明进校园”工作，广泛开设生态环境教育“大课堂”。我们与重庆自然介公益发展中心一起策划出版此书，意在引导社会公众，尤其是广大青少年朋友，“多识于鸟兽草木之名”，激发探索自然、认识自然的兴趣，体会“万物各得其和以生，各得其养以成”的美好，增强“尊重自然、顺应自然、保护自然”的行动自觉，从而“像保护眼睛一样保护生态环境，像对待生命一样对待生态环境”。

重庆市生态环境宣传教育中心

2023 年 5 月

前言
Preface

编写这套丛书，源于这些年从事自然教育的经历。

刚接触自然教育时，倾心于其“通过体验，建立人与自然的连接，从而让人爱上 并保护自然”这个理念，自己在初涉一些户外体验活动的小技巧后，很快就飘飘然起来。一次，一位在领域深耕多年的老师来渝交流，海阔天空的交谈过程中，老师突然指着草地上一只重庆极常见的鸟真诚地问:“那是什么鸟？”看到我茫然的眼神，老师略有些惊讶，接着若有所思说:“自然观察是自然教育的基本功。”

这事让我感触颇深。连接也好、热爱也好，必定要建立在对自然足够熟悉和了解的基础之上。自然教育并不只是教人认识花鸟鱼虫，天地的大美、四时的明法、万物的成理，都得建立在大自然中一个个鲜活的、具体的故事之上，否则就只能是空洞的说教。所以通过各种途径认识、了解自然，建立自己感知自然的经验库、故事库，是每一个自然教育者最基本的素养。而“观察”，则是最简便易行的途径。

其实不仅仅是教育者，很多自然爱好者，或者孩子父母，也对了解大自然有迫切的需求和热情。

天地很大，从哪里入门？帮助教育者、自然爱好者、孩子父母快速入门，了解重庆本土动植物，便是编写这套“重庆市生物多样性科普丛书”的初衷。

为了让入门真正简单，我们选择了大多数人生活中最容易观察到且接受度很高的三个自然类群——野花、鸟类和蝴蝶作为开始。当然“野花”并不是一个严格的分类学意义上的词汇，只是从公众可以接受的角度，泛指那些并非人工有意种植的，能开出有一定观赏价值的“花”的植物而已。具体的物种也主要结合我们的日常观察以及相关文献，挑选常见物种。语言上，尽量减少枯燥乏味的专业术语，取而代之的是更口语化的、描述性的语言。考虑到主要阅读群体是重庆的自然爱好者，因此尽量突出重庆的地域特点，也正因为聚焦特定地域的特定类群，入门起来也会轻松很多。

这套丛书也是重庆人了解本土生物多样性的绝佳读物。关注身边那些充满生存智慧的植物、行为有趣的鸟类、姿态翩然的蝴蝶，会让人发现，原来小区里面不仅仅有麻雀，原来自己看不上的野草却是蝴蝶苦苦寻找的“面包”；会让人发现一个精彩绝伦、丰富多彩的野生动植物世界，并会由衷感叹这一切的可贵和美好。我想，从这个角度去认识和体验生物多样性，比任何教科书都生动、可贵。

这套丛书完成于2019年，一直仅作为内部资料供爱好者参阅。此次感谢重庆市生态环境宣传教育中心的大力支持，认可这套丛书在生物多样性保护宣传方面的价值，并促成了这套丛书正式出版，让它们有了服务更多读者、发挥更大作用的机会。

这套丛书的完成，还要特别感谢一直支持、关心生态环保宣教工作的袁兴中教授。袁老师不仅就书稿的编写给我们提出了专业意见，更一直热情洋溢地鼓励我们将自己的经验汇集成书。此外，还要特别感谢一直在不遗余力地推动自然教育事业的兰雪莲女士。这是一切的源始。

在本书编写中，我们还得到了重庆自然博物馆刘文萍老师、重庆观鸟会危骞老师、中国科学院西双版纳热带植物园曾思源的无私帮助和耐心指导。重庆大学杨永川教授、重庆师范大学何海教授给我们提供了宝贵的意见和建议。重庆自然博物馆张虹老师、西南大学附属中学罗键老师、蝴蝶爱好者傅礁老师亦对我们热情鼓励并提供了帮助。在此表示衷心的感谢！

编者（陈竹 / 重庆自然介公益发展中心　理事长）

2023 年 5 月 4 日

目录

catalogue

第一部分 认识野花

一、野花的生态价值 // 2

二、外来入侵植物的危害 // 4

三、花的结构 // 7

四、如何观花 // 19

第二部分 重庆常见野花图说

疏头过路黄 // 23

临时救 // 25

阿拉伯婆婆纳 // 27

风轮菜 // 29

活血丹 // 31

夏枯草 // 33

紫花香薷 [rú] // 35

益母草 // 37

紫苏 // 39

酢 [cù] 浆草 // 41

红花酢 [cù] 浆草 // 43

葎 [lǜ] 草 // 45

白车轴草 // 47

天蓝苜 [mù] 蓿 [xu] // 49

野豌豆 // 51

凤仙花 // 53

旱金莲 // 55

中华栝 [guā] 楼 // 57
虎耳草 // 59
元宝草 // 61
七星莲 // 63
长萼 [è] 堇 [jǐn] 菜 // 65
凹叶景天 // 67
半边莲 // 69
铜锤玉带草 // 71
一年蓬 // 73
鬼针草 // 75
黄鹌 [ān] 菜 // 77
藿香蓟 [jì] // 79
野菊 // 81
苦苣 [jù] 菜 // 83
泥胡菜 // 85
鼠曲草 // 87
蒲儿根 // 89
千里光 // 91
翅果菊 // 93
菊芋 // 95
马兰 // 97
蚕茧草 // 99
扛板归 // 101
火炭母 // 103
水蓼 // 105
落葵薯 // 107
马鞭草 // 109
马缨丹 // 111
土人参 // 113
野老鹳 [guàn] 草 // 115
还亮草 // 117
原拉拉藤 // 119
蛇莓 // 121
白英 // 123
龙葵 // 125
酸浆 // 127
攀倒甑 // 129
蕺 [jí] 菜（折耳根） // 131
野胡萝卜 // 133
窃衣 // 135
垂序商陆（美洲商陆） // 137
荠 [jì] 菜 // 139
碎米荠 // 141
葱莲 // 143
繁缕 [lǚ] // 145
球序卷耳 // 147
麦冬 // 149
通泉草 // 151
接骨草 // 153
空心莲子草 // 155
青葙 [xiāng] // 157
打碗花 // 159
牵牛 // 161
鸭跖 [zhí] 草 // 163
地锦苗 // 165
小花黄堇 // 167
紫堇 // 169
凤眼莲 // 171
蝴蝶花 // 173
紫茉莉 // 175
主要参考资料 // 176
按花色快速索引 // 177

第一部分
认识野花

一 野花的生态价值

在许多人的认知中，野花野草就是“杂草”，或许有些可以拿来入药、有些是野菜、有些是“盛开”在小学作文里的“不知名的野花”，但大部分仍然是人们口中的“杂草”，甚至可能被当作“害草”。

别说是去看看这些原野中的生命了，或许还会有人疑惑：我们为什么不把这些杂草全部除去，种上漂亮的花？为什么还要欣赏它们、保护它们？

原因在于，即使从人类中心主义的视角出发，以野花为代表的野生植物的价值也远远超出了我们的想象。提供食物、调节气候、涵养水源、保持水土、防止沙化、净化环境、固定二氧化碳都只是它们作为植物最基本的能力，最重要的还是在于它们对于保护生物多样性的作用，而生物多样性是人类赖以生存的物质基础。

首先，各种野生植物是我们的栽培作物的祖先，野生植物的存在是保证这些作物遗传多样性的必要条件。比如著名的杂交水稻，即是依靠具有多种不同性状的野生水稻，并通过改良这类野生水稻的基因，才得到了高产且强健的新品种水稻，解决了众多人口的温饱问题。

其次，保护野生植物就是在保护物种多样性，也就是保护我们未来潜在的重要生存资源。举例来说，能提取紫杉醇对抗癌症的红豆杉、能提取青蒿素治疗疟疾的黄花蒿，都曾是不被重视的植物，最多被用作木材和普通草药，谁能想到经过深入研究加工之后，它们能挽救如此多的生命呢？如果红豆杉全变成了木材，黄花蒿因除草剂灭绝，现在又如何？

同时，保护野生植物也是在间接保护其他物种。我们知道自然界中的每一个物种都依赖其他物种而生存，种类众多的野生植物更是与其他物种有着千丝万缕的联系：它们直接为野生动物提供大量食物；与传粉昆虫关系密切（同系列的《蝶舞山城》中有详细描述）；为野生动物提供栖息地或筑巢材料；作为先锋，改良土壤，让荒芜的土地慢慢演替成富饶的生境……

所以，哪怕只是为了我们能长久地生存下去，也必须要保护好野花野草与其他野生植物。而且，从情感的层面出发，我们也应该学会欣赏它们：尊重生命、感受美本来就是人最可贵最美好的精神品质，如果失去了这些，变得只考虑利害，那我们也不过就是一堆并不完美的有机物质而已。

二 外来入侵植物的危害

植物其实不被动，许多植物演化出了很强的传播能力，比如小朋友爱玩儿的蒲公英（或类似植物），还有果实长着倒刺的苍耳——这些植物学会了依靠动物、风力、水力等力量，让自己的种子得以扩散到远方。

然而植物自身的扩散能力再强，也还是比不上人类的运输能力。自从人类开始了远距离的移动之后，越来越多的植物被引种到了新的地方。比如豌豆、苹果、莲、辣椒、马铃薯、番茄、番薯，都是从其他地方传入我国的。

▼被落葵薯覆盖的黄葛树和楼房

但除了成功的引种案例之外，也常有一些“不速之客”会“搭便车”，或有一些引种行为不够谨慎，使得一些植物在来到这片土地后不受控制地生长扩散，成为入侵植物，拉开了一出出生态灾难的序幕……

入侵植物之所以能成灾，是因为它们有强大的生长能力、繁殖能力，并且在新的土地上没有天敌。这些因素共同导致它们过度生长扩散——这本身就已经是个巨大的麻烦。典型的入侵植物如凤眼莲，当它成片生长，堵塞河道表面时，会阻碍光照与氧气进入水体，使得大量水生动植物死亡；同时也会阻碍船只的航运，影响经济的发展。根据农业农村部的新闻报道，

我国每年人工打捞水葫芦费用高达 1 亿元。

入侵植物的另一个可怕之处是，它们可能会分泌一些有毒有害的物质，影响周围其他动植物的生存。比如豚草巨量的花粉会引起人的枯草热症；鬼针草根部分泌物会改变土壤的微生物群落结构，让土壤变成适合自己生长的环境；紫茎泽兰会直接抑制其他植物的生长。

然而最可怕的还是它们对生态系统的逐步破坏：通过快速抢占地盘和对其他物种的直接伤害，它们的种群迅速扩大；原生物种则因为受到直接的侵害，或者因为依赖物种的减少，种群渐渐缩小甚至消失；而这又会引起连锁反应，并最终陷入恶性循环。这并不是危言耸听，重庆城区许多的一年蓬“花海”即可作为佐证；几乎占满上海滩涂的互花米草是另一个证明。

面对这样的世界性难题，我们作为个体当然很难改变现状。但是，我们一样可以帮助保护原生物种：不吃、不伤害原生动植物，向周围人传播关于保护原生物种的知识；避免放生入侵物种，如大量逸散野外的巴西龟已使得本土乌龟几乎野外灭绝，即使放生本土物种也可能对放生地的生态造成冲击；当然，更不要在出国旅行时，携带外来物种回国，或者网购外来物种饲养或种植，以免产生新的入侵物种。

三 花的结构

作为繁殖器官，每朵花都必须保证能与同种的其他花正确匹配，因此它们的形态特征通常较为稳定，这使得花成为辨识开花植物种类的重要依据。为了更有效地进行观察，一些花的基本知识便必不可少，本章将简单介绍花的各个部位。

世界上的“第一朵花”可能出现在一亿多年前，它由一段缩短的枝条与多片叶子演化而来——没错，无论是多么漂亮或古怪的花朵，它的各个部位其实都是特化的茎或叶。在此后的漫长岁月里，植物通过把这些茎叶增多、减少、放大、缩小、变色、变形、重排、组合，最终演化成了现存的 30 多万种开花植物。

▼完全花的构成

一朵“标准的”花——我们一般称为“完全花”——由 4 个部位构成：花萼、花瓣（花冠）、雄蕊、雌蕊，有些花还会有花梗或苞片。花萼和花瓣是负责保护的结构，合称为“花被片”；花萼通常厚而坚韧，在孕蕾阶段保护娇嫩的内部；花瓣通常是整朵花最显眼的部分，主要负责吸引动物来传粉；花被片保护和辅助的部分是花最核心的结构，即它们的生殖器官——雌蕊和雄蕊。

细看之下，雄蕊有点儿像一根根“火柴”，细长的“火柴棍”叫“花丝”，顶端的“火柴头”叫"花药"，花药负责产生花粉；雌蕊的结构则相对更复杂，可以把它想象成一个“细颈瓶”，它从上到下由柱头、花柱、子房几个主要的部位构成，子房中包裹着数量不等的胚珠。当一朵花成功传粉后，胚珠会发育成种子。包裹它的子房则会发育成果实——不一定是我们吃的水果那样的果实，果实可以有各种大小和类型。

有些花可能会缺乏花萼、花瓣、雄蕊、雌蕊四个部位中的任意部位，我们把这类花称为“不完全花”。比如南瓜花，它们雌雄异花，一朵花里只有雌蕊或雄蕊。有些花的花萼与花瓣同型，看起来好像只有花瓣没有花萼一样，比如天门冬科植物的花，这样的花通常在资料中只记载或描述花被片的数量。

有时，花朵们也会“成群结队”以团体的力量增加授粉的成功率，这样的情况我们称为花序。花序的类型非常多，这里只简单介绍几种重庆常见花朵的花序。

No.1 穗状花序

无柄的小花生于花序轴上，如马鞭草。

马鞭草

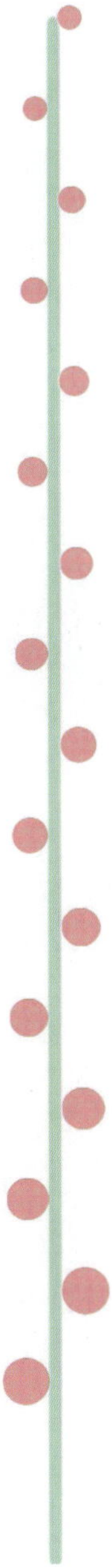

青葙

No.2
总状花序

总状花序是一种不分支的花序类型，具带柄花朵，该短柄被称为花梗，沿花序轴排列。总状花序中，早开的花位于底部，新开的花位于顶部，如美洲商陆。

美洲商陆

总状花序

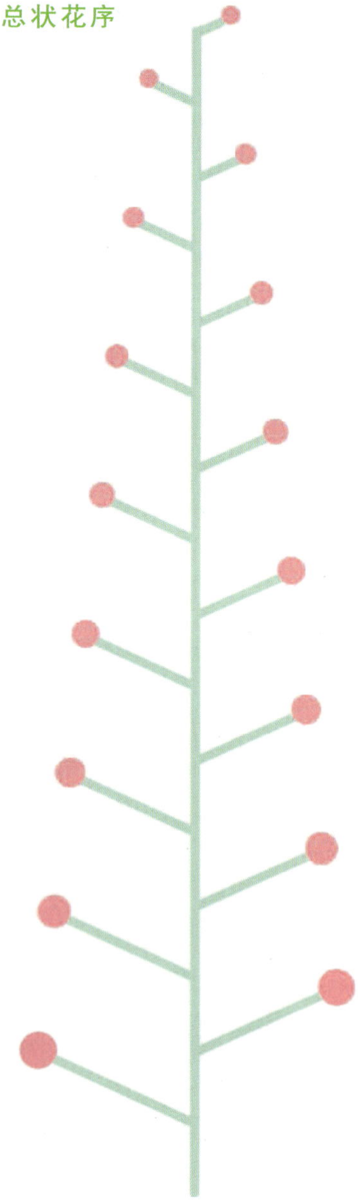

No.3 圆锥花序

总状花序进一步排列形成总状，这种花序称为复总状花序，也称为圆锥花序。如紫薇。

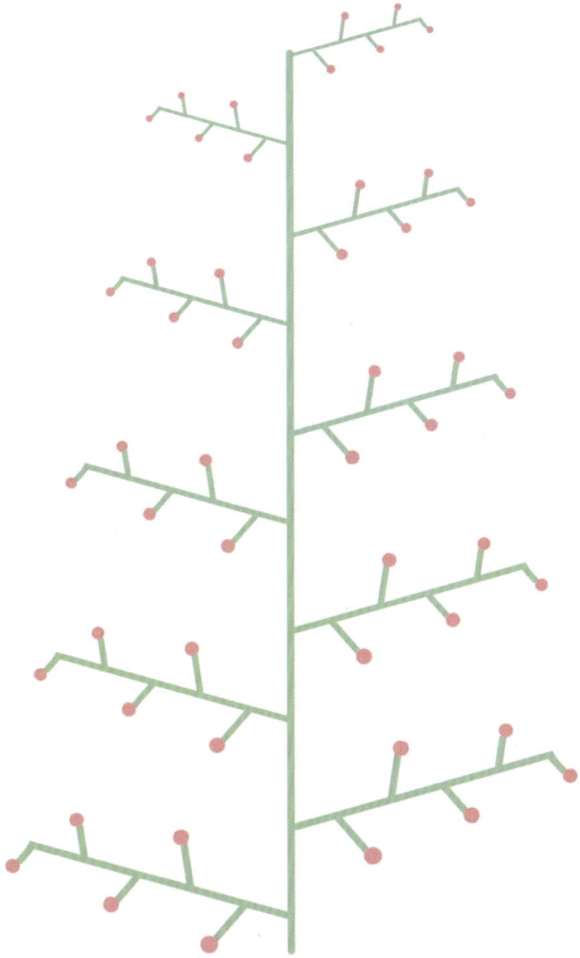

圆锥花序

紫薇

No.4 聚伞花序

聚伞花序与伞形花序相似，这种花序的特点是花序最内或中央的一朵花最先开放，然后渐及于两侧开放，如虎耳草。以此模式作为基本模式，并以不同的方式重复，可以形成多种花序，如唇形科常见的轮伞花序，如益母草。

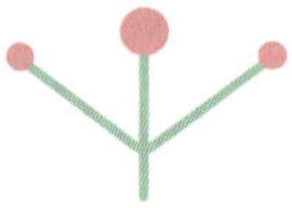

聚伞花序基本结构

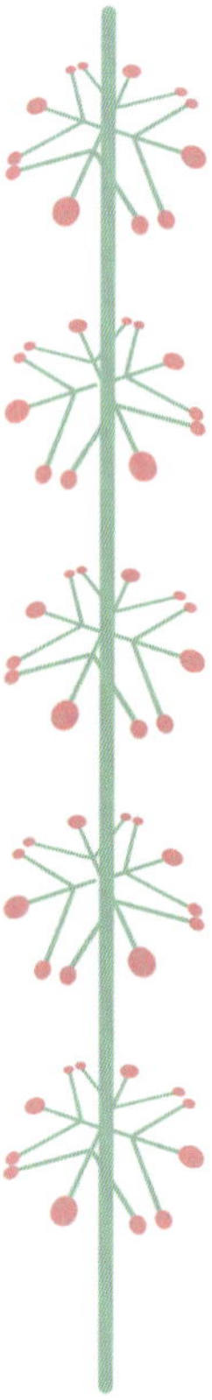

轮伞花序

圆锥状聚伞花序

虎耳草

益母草

No.5 伞房花序

伞房花序的特点为花序轴上各花的花柄自下而上依次变短，各花分布在同一水平上，如攀倒甑。

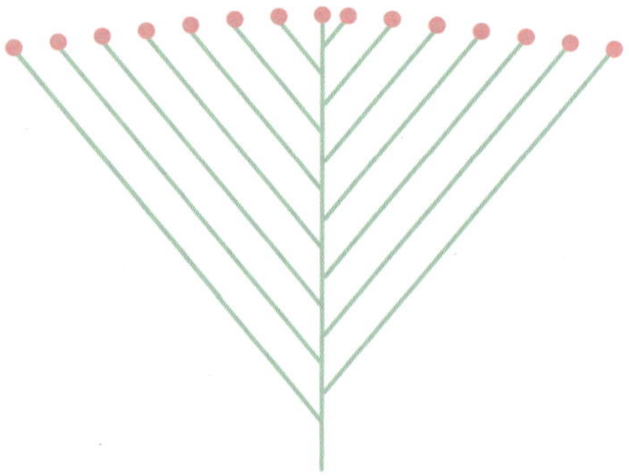

伞房花序

攀倒甑

No.6 伞形花序

伞形花序的特点为花柄等长的小花生于花序轴顶端，如野胡萝卜、人参、常春藤等。复伞形花序则是伞形科植物的一个特征。

野胡萝卜

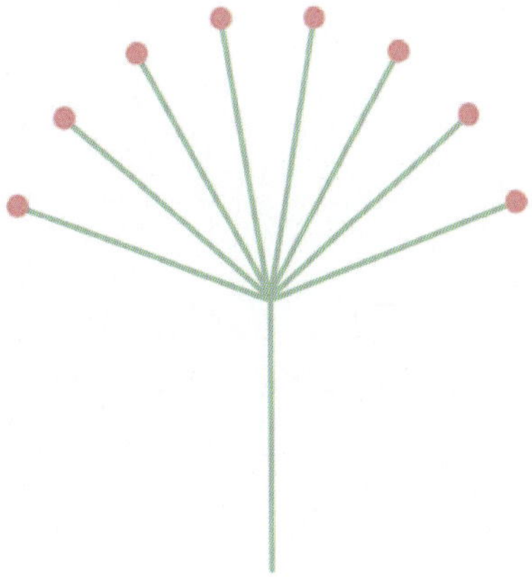

伞形花序

No.7 肉穗花序

肉穗花序的特点是无柄单性小花生于肉质膨大的花序轴上，如折耳根的花序。天南星科植物（如马蹄莲）的肉穗花序被 1 个佛焰苞片包被，这种花序被称为佛焰花序。

蕺菜（折耳根）

肉穗花序

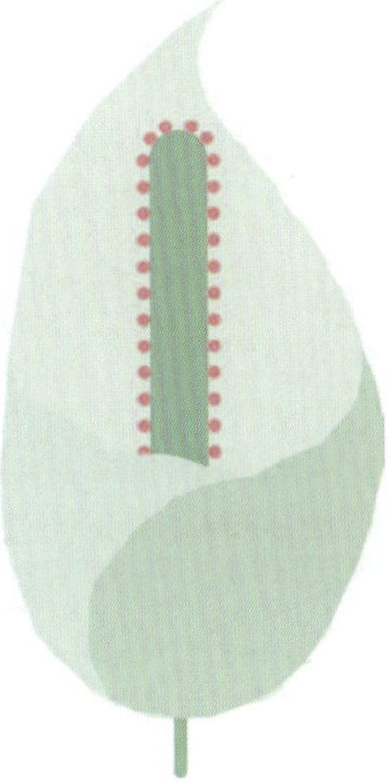

佛焰花序

No.8
头状花序

头状花序的特点为多数无柄的小花生于球形、圆锥形或扁平的花序轴上，如火炭母、马兰。向日葵等菊科植物的头状花序外有数轮总苞片，此类花序又称篮状花序。

头状花序

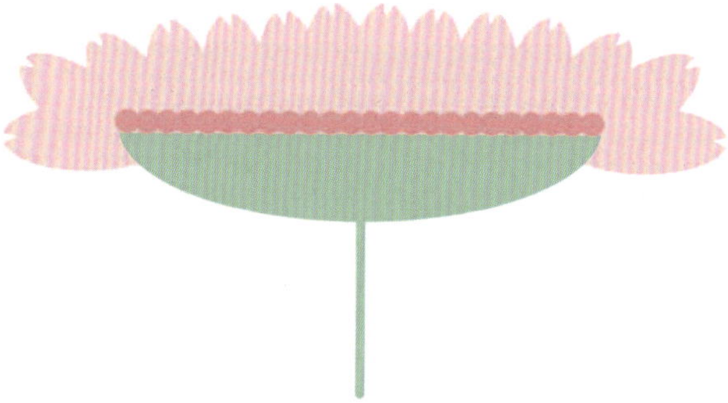

头状花序（菊科）

火炭母

马兰

四 如何观花

野花虽然随处可见，但它们通常比较小，花形花色也不似园艺花卉那样丰满华丽，所以容易被忽略。但如果靠近它们仔细观察，就会发现它们自有其清新野趣，很多也不乏精致。因此要观赏野花最重要的便是学会放慢脚步，找到它们，然后静心观察。

为了方便观察，一些工具可以极大地增强“用户体验”。对于普通的爱好者来说，准备一套放大镜、镊子、纸笔，再加一本图鉴或当地植物的识别手册（比如你正在看的这本）足矣。

使用工具可以增强“用户体验”

当你带着这些装备来到观花地，找到喜欢的野花时，你可以翻到本手册的按花色快速索引部分。先找到对应的颜色大类，然后对比花朵的特写图，最后根据页码翻到详情页，仔细观察你面前的植物是否符合描述中的特征，并且可以通过制作自然笔记记录下来。

通常来说，如果你能在索引部分找到类似的花，那么你见到的花就有较大可能是本手册收录的那种——因为这本手册收录的是常见野花。不过有时，也会有一些“幸运儿”发现自己面前的这株植物只有部分特征与手册中的描述吻合——这种情况可能说明你找到的是同属或同科的另一种。这个时候不要犹豫，立刻用自然笔记记录下它的详细特征吧！另外，还可以多拍一些照片。回家之后，可以查阅更全面的图鉴来尝试探究它的种类。

自然笔记示例

第二部分 重庆常见野花图说

▲疏头过路黄

疏头过路黄

报春花科 > 珍珠菜属

Lysimachia pseudohenryi

描述

多年生草本。茎直立或膝曲直立；叶对生，茎端的 2～3 对通常稍密聚；总状花序顶生，缩短成近头状；萼裂片披针形；花冠裂片窄椭圆形或倒卵状椭圆形，有透明腺点；花丝下部合生成筒。

扩展

报春花科珍珠菜属有好几个近似物种都被叫作“×× 过路黄”，这形象地表达了它们的特征和习性——黄色的夺目的花朵、植株低矮、喜欢生于林缘与小路边等较阴凉的地方。一般来说，阳性植物更有可能开出漂亮的花，疏头过路黄耐阴又多花的特性使得它们在野花中尤其可贵，每年 5—6 月，鲜亮明艳的黄色小花缀满绿丛，精致可爱。疏头过路黄还是孩子们的童年乐趣，取一段柔软坚韧的茎，去除叶片，保留最顶端的花序，再打个结，一个“珠光宝气”的戒指就大功告成。

▲临时救

临时救

临时救

报春花科 > 珍珠菜属

Lysimachia congestiflora

描述

茎下部匍匐，节上生根；分枝纤细，有时仅顶端具叶；叶对生，茎端的2对间距短，近密聚；花2～4朵集生茎端和枝端成近头状的总状花序。

扩展

又叫“聚花过路黄”，与疏头过路黄非常相似，主要识别点在于，疏头过路黄的茎直立或丛生，临时救的主茎匍匐，主茎上部及分枝上升；疏头过路黄花梗长4～10毫米，有时可超过1厘米，临时救花梗极短，通常在2毫米以内。临时救是生命力旺盛的乡土植物，不受打扰时，常可以大片蔓生。初夏进入花期后，数量众多的黄色小花像凝固的阳光，点亮了林下的阴凉小路。看到“临时救”这个名字，大概可以猜到它们曾被人们作为草药。但根据现代医学研究，尚未确切证明它们的药用价值，还是留它们在山野间，“治愈”我们的心灵吧。

▲阿拉伯婆婆纳

阿拉伯婆婆纳

车前科 > 婆婆纳属

Veronica persica

描 述

铺散多分枝草本。叶 2 ～ 4 对；总状花序很长，苞片互生，与叶同形近等大；花梗长于苞片；花萼果期增大，裂片卵状披针形；花冠蓝、紫或蓝紫色，裂片卵形或圆形；雄蕊短于花冠；蒴果肾形。

扩 展

重庆的早春，如果来到田间地头、近郊草坪，总能看到地上铺着一丛丛蓝色星点一样的小野花，能从 2 月、3 月一直开到 4 月。这就是阿拉伯婆婆纳，也叫波斯婆婆纳。它们的原生地在欧洲和西亚，究竟何时何故传入我国已不可考。但在明代的《野菜谱》中，就已经记录了“破破衲”这个类似的名字，也就是平时没人会吃，饥荒年间可以充饥的野菜，这可能是“婆婆纳”之名的由来。另有一种说法：婆婆纳的果实像古时妇女收纳针线的针线包，中间还缠着线被勒成了两半，故得此名。你能找到它们的果实吗？不过，请注意阿拉伯婆婆纳为入侵物种，请勿购买、种植、传播。

▲风轮菜

风轮菜

唇形科 > 风轮菜属

Clinopodium chinense

描述

多年生草本，高可达 1 米。茎基部匍匐；叶卵形，具圆齿状锯齿；轮伞花序具多花，半球形；花萼窄管形；花冠上唇先端微缺，下唇 3 裂。

扩展

风轮菜是一种常见野草，但我们很少关注这种植物，因为它们即使是在花期也非常不起眼。古人很早对它们就有认识，明代的《救荒本草》中有明确记载，详细描述了它们的生长环境、株高及茎叶等几个特点，尤其对叶子著述甚细，但完全忽略了它们的花及花序。如果仔细观察，它们的花其实挺美的。这花虽小，却是与传粉昆虫协同进化的结果，前凸的下唇便于昆虫发现与停靠，管状的花筒诱使昆虫深入寻找花蜜，前伸的雄蕊也就趁机把花粉蹭到昆虫的身上。

▲活血丹

活血丹

唇形科 > 活血丹属

Glechoma longituba

描 述

多年生草本。具匍匐茎，上升，逐节生根；茎高 10 ～ 20 厘米，四棱形，几无毛，幼嫩部分被疏长柔毛；下部叶较小，心形或近肾形，上部叶心形，长 1.8 ～ 2.6 厘米；萼管形，长 0.9 ～ 1.1 厘米，被长柔毛。

扩 展

活血丹在我国分布广泛，除了甘肃、青海、新疆及西藏外都可以见到，又与人们的生活联系紧密，常被药用，因此，各地对活血丹的别称加起来多达四十多个。这种植物有唇形科植物的典型特征：四棱形的茎和唇形的花朵。如同科的薄荷一样，它们生命力旺盛，有很强的蔓延能力，匍匐茎贴地生长，每一节都可以生根长成新的植株，因此野外见到时常常是一小块丛生的毯状。活血丹总是成对生长的花有着分叉的唇瓣，像两个跳舞的小人，还穿着带斑点的衣服，精致美丽。

▲夏枯草

夏枯草

唇形科 > 夏枯草属

Prunella vulgaris

描述

茎基部多分枝，紫红色。叶卵状长圆形或卵形，具浅波状齿或近全缘；穗状花序，花萼钟形；花冠紫、红紫或白色，上唇近圆形，稍盔状，下唇中裂片近心形，具流苏状小裂片。

扩展

相对于众多的唇形科野花，夏枯草算是很好辨认的一种：它们的苞片在枝头组成密集的假穗状花序，呈现绿色至深紫红色，像麦穗或者宝塔。夏季，夏枯草短暂的花期结束之后，它们的小花会掉落，但花穗会保留下来，慢慢变成褐色，里面包藏着种子，看起来像枯萎了一样，这是它们被取名为夏枯草的原因，而它们实际上是多年生植物。提到夏枯草，就绕不开药用这个话题，其实并没有能明确论证它药效的研究成果，反倒有研究指出夏枯草会抑制免疫系统活性。因此对于野花野草，我们还是以观赏为主吧。

▲紫花香薷

紫花香薷 [rú]

紫花香薷

唇形科 > 香薷属

Elsholtzia argyi

描述

草本，高0.5～1米。茎四棱形，具槽；叶长2～6厘米，宽1～3厘米，上面被疏柔毛，下面满布凹陷的腺点；穗状花序长2～7厘米；花萼管状，长约2.5毫米；花冠长约6毫米，外面被白色柔毛；雄蕊4枚，前对较长，伸出，花药黑紫色；花柱纤细，伸出。

扩展

香薷属植物有一个明显特征：花全都偏向一侧，也因此被当地人叫作"牙刷草""牙刷花"。唇形科盛产香草，香薷也不例外。难能可贵的是，香薷的香味纯正甜美，不像藿香带有苦味药味，也不像薄荷过于冰冷。若能在山中遇到自然枯萎的香薷，那香气定会给人留下深刻印象。紫花香薷分布广泛，这样常见又美好的植物必然受到人们的关注，它们在传统医药中被用于治疗中暑，还可制成驱蚊香包。不管能否治病驱蚊，它们都是一种值得认识的植物。

▲益母草

益母草

益母草

唇形科 > 益母草属

Leonurus japonicus

描 述

一年生或二年生草本。茎直立，高 30 ～ 120 厘米，钝四棱形；茎下部叶轮廓为卵形，茎中部叶轮廓为菱形，花序最上部的苞叶近于无柄，线形或线状披针形；轮伞花序腋生，具 8 ～ 15 花，轮廓为圆球形，径 2 ～ 2.5 厘米；花冠粉红至淡紫红色，长 1 ～ 1.2 厘米。

扩 展

如果在 11 月到次年 2 月间去湿润的河滩、田埂，常能见到一种容易被认错的植物，它们有圆圆的带锯齿的叶子，贴着地面呈莲花状生长。这就是大名鼎鼎的益母草的幼年形态。益母草的叶形变化很大，一开始幼年时期是卵形，继续往上会长出菱形的叶子，再往上会越来越细而分裂，像艾草的叶子。此时，益母草会在叶腋长出一轮一轮的紫粉色小花，高高招摇着，等待授粉、结籽。种子入土，便进入了下一个“草大十八变”的生命周期。

▲紫苏

紫　苏

唇形科 > 紫苏属

Perilla frutescens

描述

一年生草本，株高 0.5 ～ 2 米。茎四棱柱形，直立多分枝；叶片椭圆形或卵形，对生，边缘有锯齿；总状花序腋生，花小具梗，花色有白、紫及粉色；棕褐色小坚果为球形；全株有香味。

扩展

紫苏与多数唇形科植物一样，有着特殊的香味，这是它们的化学防御武器。紫苏原产于东亚广大地区，这些地方的人们很早就发现了它们的独特。我国西汉时，市场上就开始售卖紫苏了。人们把紫苏当作香料和药材，延续至今。现代人们通过对紫苏的深入研究，发现其确有神奇之处：紫苏对葡萄球菌、大肠杆菌、痢疾杆菌有抑制作用，还可以镇静、抗炎。在食物中加入紫苏可以防腐，预防细菌性食物中毒，尤其是在夏天——刚好也是紫苏旺盛生长的季节，不得不感叹大自然的奇妙。

▲酢浆草

酢 [cù] 浆草

酢浆草

酢浆草科 > 酢浆草属

Oxalis corniculata

描述

地上茎细弱，直立或匍匐；叶基生，茎生叶互生；花单生或数朵组成伞形花序状；萼片 5 枚，花瓣 5 枚，黄色；蒴果长圆柱形，5 棱。

扩展

酢浆草属植物超过 800 个物种，绝大多数生活在美洲热带地区，酢浆草是我国少有的 2 ～ 5 个原生种之一。酢浆草有地上茎，花为黄色，可以结出宝塔形的果实，这可以帮我们快速区分酢浆草与红花酢浆草。 相比起红花酢浆草强大的无性繁殖能力，酢浆草也有自己的妙招：它们的果实在成熟后，稍有风吹草动就会“爆炸”，将种子弹射出去。所以，我们常常可以在一些陡峭的土坡、石壁上看到它们，由此可见其“爆炸”的威力。酢浆草遭遇不良的环境时，它们的叶子将发生奇妙的变色。一株酢浆草上可能出现绿色、白色、黄色、粉红、紫红、深紫等各种颜色，以斑点或色块的形式混杂在一起。

▲红花酢浆草

红花酢 [cù] 浆草

红花酢浆草

酢浆草科 > 酢浆草属

Oxalis corymbosa

描述

多年生直立草本。具球状鳞茎；叶基生，小叶 3 枚，倒心形；花序梗长 10 ～ 40 厘米；萼片 5 枚，顶端具暗红色小腺体 2 枚；花瓣 5 枚；雄蕊 10 枚，5 枚超出花柱，另 5 枚达子房中部；花柱 5 枚。

扩展

酢浆草属植物就是常说的“酸咪咪”“酸筋草”，它的酸味源于丰富的草酸。常见的两种酢浆草中，红花酢浆草是外来入侵物种，请勿种植、购买、传播。它们传入我国后发生了突变，不能结籽，靠无性繁殖传播。如果挖起一株红花酢浆草，会发现它没有地上茎，3 片小叶的叶柄直接从地下的棕色“小球”里萌发，每一个“小球”就是一个鳞茎，可以长成一棵新的植株。一株生长了两三年的红花酢浆草会有很多鳞茎密集生长在一起，此时它们还会长出半透明小萝卜一样的肉质根。这些特质赋予了红花酢浆草强大的适应能力，因此现在国内许多地方都能见到它们的身影。另有一种关节酢浆草 *Oxalis articulata*，花心为酒红色，注意鉴别。

▲ 葎草雄花序

葎 [lǜ] 草

▲ 中心是雌花序

大麻科 > 葎草属

Humulus scandens

描述

缠绕草本，茎、枝、叶柄均具倒钩刺。叶纸质，掌状深裂，具锯齿；雄花小，黄绿色，花序长 15 ～ 25 厘米；雌花序径约 5 毫米，苞片纸质，子房为苞片包被，柱头 2 枚，伸出苞片外。

扩展

葎草是重庆城里最容易见到的野草之一，废墟工地、近郊荒坡都极有可能出现它们的身影。它们生长迅速，浑身有倒钩刺，路过时容易被它们割伤，人们认为葎草是外来入侵植物。然而各种资料对葎草的原产地没有统一的说法，倒是在唐代的《新修本草》中就记载了这种植物。葎草属植物共 3 种，并在我国都有分布。同属最有名的是啤酒花，其果穗是啤酒的苦味和独特香气的来源，葎草的果穗也可以代替啤酒花用于酿酒。除此之外，人们也在探索葎草的其他用途，这种看似“野蛮”的植物，或许将来会与我们的生活有更紧密的联系。

▲白车轴草

白车轴草

豆科 > 车轴草属

Trifolium repens

描述

多年生草本。茎匍匐蔓生，上部稍上升，节上生根。掌状三出复叶，小叶倒卵形或近圆形。花序球形，顶生，具 20 ～ 50 朵密集的花，花萼钟形，萼齿 5 枚，花冠白、乳黄或淡红色，具香气。

扩展

白车轴草原产地在地中海沿岸，然后被人们广泛引种到了世界各地。人们为什么会广泛引种白车轴草呢？首先，依靠着匍匐茎，它们可以不断再生，动物的啃食和践踏对它们的影响不大。其次，像大多数豆科植物一样，白车轴草可以和根瘤菌共生形成根瘤，固定空气中的氮气，为土壤提供养料，在贫瘠的土地上也能良好生长，还会造福周围的植物，这也让白车轴草自身拥有了较高的蛋白质含量，给予了食草动物更多的养分。最后，它们还拥有大量的花，这使它们成为极佳的蜜源植物。不过，白车轴草也因为其生存繁殖能力强，具有一定的入侵性，需要引起警惕，请勿种植、购买、传播。

▲天蓝苜蓿

天蓝苜 [mù] 蓿 [xu]

豆科 > 苜蓿属

Medicago lupulina

描 述

一二年生或多年生草本。高 15 ～ 60 厘米，全株被柔毛或有腺毛；茎平卧或上升，多分枝；羽状三出复叶；花序小，头状，具 10 ～ 20 朵花；花萼钟形，密被毛；花冠黄色；荚果无刺，有 1 颗种子。

扩 展

植物界有很多命名让人摸不着头脑，比如秋海棠不是海棠、臭牡丹不是牡丹，还有一点都不蓝的天蓝苜蓿。虽然名字莫名其妙，但这一点儿也不影响天蓝苜蓿成为一种分布广泛的植物。像大多数豆科植物一样，天蓝苜蓿可以形成根瘤固定氮元素，因此是很好的牧草和绿肥，可以改善水土；微小的花可以与一些迷你型的传粉昆虫建立联系，产生独特的生态价值。天蓝苜蓿告诉我们，任何不起眼的生命都有存在的意义。

▲野豌豆

野豌豆

豆科 > 野豌豆属

Vicia sepium

描述

多年生草本，高 0.3 ～ 1 米。茎细弱，斜升或攀援，具棱；偶数羽状复叶长 7 ～ 12 厘米，卷须发达，小叶 5 ～ 7 对；总状花序 2 ～ 6 朵花；花冠长 1.8 ～ 3 厘米；荚果扁，长 2 ～ 4 厘米，成熟时亮黑色。

扩展

请注意，“野豌豆”不是“野生的豌豆”。豌豆原产于西亚，汉代时期才传入我国；我国本来就有野豌豆，《诗经》中一首著名的诗《采薇》即以它为名，题目中这个“薇”就是野豌豆。野豌豆一般生活在离人不远不近的地方，比如近郊、荒山、田野，人口稠密处没有它们的一席之地，完全无人之境它们也长得不好，就这么与中国人共行了数千年。曾经野豌豆是孩子的玩具，可以当作哨子吹；或者成为野菜，或者救荒，皆因它们具有固氮能力，可以提供一些蛋白质。但是，野豌豆食用不慎会中毒。在并不缺衣少食的现在，我们还是让它们静静地点缀荒野吧。

▲凤仙花

凤仙花

凤仙花

凤仙花科 > 凤仙花属

Impatiens balsamina

描 述

一年生草本，高 60 ～ 100 厘米。茎粗壮，肉质，直立；叶互生；花单生或 2 ～ 3 朵簇生于叶腋，无总花梗；蒴果宽纺锤形，长 10 ～ 20 毫米，两端尖，密被柔毛；种子多数，圆球形。

扩 展

凤仙花是很多人的童年玩具。凤仙花的花汁可以染指甲，染的时候加一点明矾还可以延长固色时间；它们的果实更加有趣，每一个成熟的凤仙花果实都具有惊人的“爆发力”，只要轻轻一碰就会以迅雷不及掩耳之势把种子弹到很远的地方，如果被种子打到可能还会觉得有一点点疼，拉丁属名 *Impatiens*（不耐烦）就是在描述这个特性。凤仙花耐性强，开花繁多，又有这么多有趣好玩儿的特性，因此被培育出了很多园艺品种，引种到世界各地。但是，随意引种植物是会产生不良后果的。凤仙花惊人的繁殖力使其在北美、欧洲、新西兰成为入侵植物。

▲旱金莲

旱金莲

旱金莲科 > 旱金莲属

Tropaeolum majus

描述

蔓生一年生草本。叶柄长 6 ～ 31 厘米；叶互生，圆形，盾状着生；花径 2.5 ～ 6 厘米，花瓣 5 枚；雄蕊 8 枚，长短互间，分离。果扁球形，成熟时分裂成 3 个具 1 粒种子的小果。

扩展

在公园或花园里，常有一些圆圆的“小荷叶”在草坪、花墙、树下招摇，引得小朋友们好奇：“为什么陆地上也有荷叶呢？”这些“荷叶”其实是旱金莲的叶子。旱金莲原产于南美秘鲁、巴西，作为观赏植物引入国内，所幸入侵性不强，可以放心种植。它们虽然无毒，但全身都有一种特殊的气味，这也是它们能保持小荷叶的完整，不被虫子啃食的原因。在国外，旱金莲是最受欢迎的食用花卉，食用安全且外形美观，如果能习惯这种味道的话，会是非常好的点缀与调味品。

▲中华栝楼

中华栝 [guā] 楼

葫芦科 > 栝楼属

Trichosanthes rosthornii

描 述

攀援藤本。茎疏被柔毛，有时具片状白色斑点；叶纸质，长8～12厘米，3～7深裂，通常5深裂；雌雄异株；雄花单生，或成总状花序，或两者并生，花冠白色，裂片长1.5厘米，具丝状流苏；雌花单生，花梗长5～8厘米，裂片与花冠同雄花。子房椭圆形，长1～2厘米，径5～10毫米，被微柔毛。

扩 展

中华栝楼的花形态独特。与很多葫芦科植物一样，它们是雌雄异株的，雄株只会开雄花，雌株开雌花并结果。但中华栝楼也有自己的特色，我们常见的葫芦科植物（如葫芦、南瓜、西瓜、冬瓜、苦瓜等）都是白天开花的，而栝楼属多种植物的花则在夜间盛放。它们白色带流苏的花朵，能让夜间的传粉动物更容易发现——许多夜间开花的植物都是白色的花。成功授粉之后，果实会在秋季成熟，一个个橙红色的小瓜挂在枝头，可以一直观赏到冬天，非常可爱。

▲虎耳草

虎耳草

虎耳草科 > 虎耳草属

Saxifraga stolonifera

描 述

多年生草本，高 8～45 厘米。鞭匐枝细长；茎被长腺毛；基生叶近心形、肾形至扁圆形，腹面绿色，背面通常红紫色；聚伞花序圆锥状，具 7～61 朵花；花两侧对称；花瓣白色，5 枚，其中 3 枚较短，另外 2 枚较长。

扩 展

虎耳草得名于它们的叶子，圆圆的、厚厚的、“毛茸茸”的，还真有点儿像老虎的耳朵。翻开这一片片“耳朵”，多半会发现“耳朵”的背面是紫红色的，这与大多数绿叶植物不同，为什么会这样呢？这其实是虎耳草适应极阴环境的方法。我们知道阳光是由多种色光混合而成的，而植物的叶子之所以呈现绿色是因为叶绿素不吸收绿光，那么当一束珍贵而微弱的阳光照在虎耳草叶子上时，一部分绿光被反射了，还有一部分会“试图”穿过叶子，这时绿光遇到了与它互补的紫红色，也一样会被吸收。虎耳草就是靠这个方法在一些极阴环境中顽强生长。

▲元宝草

元宝草

元宝草

金丝桃科 > 金丝桃属

Hypericum sampsonii

描述

半常绿小灌木，高达 1 米，全株光滑无毛。多分枝，小枝对生；叶对生，无柄，对生叶基部完全合生为一体，茎或枝贯穿其中心；花顶生，单生或成聚伞花序；萼片 5 枚，花瓣 5 枚；雄蕊花丝基部合生成 3 束，花药具黑腺点；花柱细长，顶端 5 裂。

扩展

元宝草这个名字取得非常形象，它们的叶子两两对生，合在一起，像一片叶子，两个叶尖还微微上翘，确实挺像一个狭长的元宝。有这样叶子的植物还有很多，比如同属的地耳草，或者忍冬科的贯月忍冬。有一种说法是这样的叶子可以在下雨天多收集一些雨水。究竟是不是这样呢？自己尝试观察一下吧！

▲七星莲

七星莲

堇 [jǐn] 菜科 > 堇菜属

Viola diffusa

描述

一年生草本。根状茎短；叶基生，莲座状，或互生于匍匐枝上；叶边缘具钝齿及缘毛，叶柄具翅；花较小，下瓣距极短；柱头前方具短喙。

扩展

七星莲又名"蔓茎堇菜"，清代吴其濬在《植物名实图考》中解释："乱根如短发，叶下生蔓，四面傍引，从蔓上生叶，叶下复生根须，一丛居中，六丛环外，根既别植，蔓仍牵带，故有七星之名。"叶片又以莲座状着生，所以叫七星莲。不过现实中的七星莲当然很少会刚好"七星"。堇菜属植物大多矮小，在平日一脚踩到几株都注意不到。然而每到早春，各种堇菜便抓住难得的和煦阳光，竞相开放。若仔细观察，便会发现它们的每一朵小花都精致非常。著名的园艺观赏植物三色堇与角堇便是由堇菜属植物培育而来。

▲长萼堇菜

长萼 [è] 堇 [jǐn] 菜

堇菜科 > 堇菜属

Viola inconspicua

描述

多年生草本。叶基生，莲座状，叶三角形、三角状卵形或戟形，具圆齿，叶柄具窄翅；花淡紫色，有暗紫色条纹，萼片基部附属物长，花瓣长圆状倒卵形，下瓣距管状，直伸。

扩展

长萼堇菜也叫“犁头草”，也许与它们尖尖的、有长柄的叶子有关。要区分各种堇菜属植物不是一件容易的事，许多不同种的堇菜看起来非常相似，区别只在一些很细微的地方。比如长萼堇菜最大的特征就是“萼片基部附属物长”这一点，这也是它们名字的由来。对于植物爱好者来说，只需要大概认识堇菜属，知道它们都是美丽的野花、自然生态的一部分即可。

▲凹叶景天

凹叶景天

景天科 > 景天属

Sedum emarginatum

描述

多年生草本。茎细弱；叶对生，匙状倒卵形或宽卵形，先端圆，有微缺；花序聚伞状，顶生，多花；萼片5枚，花瓣5枚，黄色，线状披针形或披针形；心皮基部合生。蓇葖果略叉开。

扩展

如果你是一名多肉植物爱好者，那你或许很熟悉“景天科”这个词，这个科盛产善于应对干旱环境的成员。与其同科亲戚不同，生活在多雨的重庆的凹叶景天所适应的生境非常特别：它们常生长在林下阳光不甚充足、有湿气、伏旱天又非常干燥的石壁上，常与苔藓“同居”，当然普通的地面也能生长。因其生境，凹叶景天的形态也是特别的：它们叶稍厚，可以储存一些水分，应对旱季；茎匍匐，节上生根，尽可能地占据一块领地；因为获得阳光较少，通常是绿色的，只有经历霜冻或暴晒才会变成紫红色。

▲半边莲

半边莲

半边莲

桔 [jié] 梗 [gěng] 科 > 半边莲属

Lobelia chinensis

描述

多年生草本。茎匍匐，节上生根，分枝直立，高达 15 厘米；叶互生，长 0.8 ～ 2.5 厘米；花通常 1 朵，生分枝的上部叶腋；花冠裂至基部，裂片全部平展于下方，呈一平面，2 侧裂片较长，中间 3 枚裂片较短。

扩展

想要认识半边莲非常容易，它们的五瓣花瓣全部长在花冠的同一侧，就像一朵原本有 10 瓣的花被硬生生砍掉了一半。看到这样的花，很大概率是半边莲属植物，再结合一下枝叶的形态，差不多可以确定是半边莲了。这种花原本应该是整个重庆范围都有的，但城市化进程极大地干扰了它们的栖息。现在在城区，只有靠运气才能见到零星分布的一小丛。如果在一个晴天有幸碰到，请一定俯下身子凑近它的花朵闻一闻，或许能闻到像荷花一样的香味哦。

▲铜锤玉带草

铜锤玉带草

铜锤玉带草

桔 [jié] 梗 [gěng] 科 > 半边莲属

Lobelia angulata

描 述

草本植物。茎平卧而生根，或粗壮而直立；花单生叶腋，花梗长；花冠筒背部分裂至 3/4 或直达基部；花冠近二唇形，上唇裂片条形，下唇裂片披针形至长圆形。

扩 展

有时，我们会在野外碰见一种比半边莲还要“惨”的花，半边莲好歹只被“砍掉”了一半，而这种花看起来只剩下 3 片花瓣了。有时，我们会在林地上见到一种紫色的小果子，它们一颗一颗“散落”在由圆圆的心形叶子铺成的地毯上，有些还顶着王冠一样的宿存萼片，这就是铜锤玉带草。“铜锤”是指铜锤玉带草的果实，这可不是说我们平时敲钉子的那种榔头，你看它们根根短柄举着一个硕大的椭圆形球体，这分明是李元霸的大锤；“玉带”则是指它们的叶子，它们互生的心形叶片规律地缀在匍匐茎上，很像古代官员缀满玉片的腰带，这个名字可以说是非常形象了。

▲一年蓬

一年蓬

菊科 > 飞蓬属

Erigeron annuus

描述

一年生或二年生草本。茎下部被长硬毛，上部被上弯短硬毛；从基部至最上部，叶形不同；头状花序数个，排成疏圆锥花序；外围雌花舌状，两层，舌片平展，白色或淡天蓝色，线形；中央两性花管状，黄色。

扩展

在暑气未消的8月和9月，如果去一些阳光充足的荒地，就很可能看见一片片黄白色小菊花的花海，引来了很多赏花、拍照的人。有人会说这是“野菊花”，也有人会认为这是“小雏菊”，其实这是一种危险的外来入侵植物——一年蓬，所以请勿随意购买、种植、传播这种植物。一年蓬适应性很强，从1886年开始，已经遍布除我国西北地区和海南之外的所有地区。如果有一片未经开发的荒地，它们就可以靠像蒲公英一样的“毛茸茸”种子，迅速占领那里。它们不仅根部会释放母菊素，抑制其他植物生长，还是多种病虫害的传播源。

▲鬼针草

鬼针草

鬼针草

菊科 > 鬼针草属

Bidens pilosa

描述

一年生草本。茎下部叶 3 裂或不裂，花前枯萎；中部叶小叶 3 枚，有锯齿；上部叶 3 裂或不裂；头状花序径 8 ～ 9 毫米，依不同变种，会出现无舌状花、有较小舌状花、有较大舌状花等不同形态；瘦果熟时黑色，线形，具棱，具倒刺毛。

扩展

天气晴朗的时候，去山林里看看野花、认认植物是件特别美好的事情。然而每次游览，都有可能懊恼地发现裤子上不知什么时候粘满了各种种子，有求米草、窃衣，也有这一段要介绍的主角——鬼针草（神不知鬼不觉地把像针一样的种子粘上来）。鬼针草原产于美洲，也是因为人类的频繁活动才被带到了世界各地，成为入侵植物，所以要注意请勿随意购买、种植、传播这种植物。它们有一个很厉害的能力——可以改变土壤的微生物群落结构，让整个土壤环境变得更适合自己生存。正因如此，它们成为广泛分布的野草。

▲黄鹌菜

黄鹌[ān]菜

菊科 > 黄鹌菜属

Youngia japonica

描 述

一年生草本，高 10 ～ 100 厘米。茎直立，单生或少数茎成簇生，顶端伞房花序状分枝或下部有长分枝；头花序含 10 ～ 20 枚舌状小花，在茎枝顶端排成伞房花序；管状小花黄色。

扩 展

每年春夏，重庆的山坡、公园里总是会开出大片的“野菊花”，金灿灿的。这其中，就有黄鹌菜的花朵。黄鹌菜又名野芥菜、黄瓜菜、野青菜。顾名思义，人们认为黄鹌菜是一种可以吃的野菜。不过根据《植物名实图考》：“翦以饲鹅，盖鸡鹜不与争也。”这是一种鸡和鹅都懒得吃的植物。为何会如此，皆因菊科植物为了保证自身安全，会产生有毒、有苦味或有刺激性气味的物质。若是有食用的先例，可能是发生在饥荒年间，现在还是鼓励大家用眼睛去“品尝”，用心去观察。

▲藿香蓟

藿香蓟 [jì]

菊科 > 藿香蓟属

Ageratum conyzoides

描述

一年生草本。全部茎枝淡红色，或上部绿色；叶对生，基出三脉或不明显五出脉；头状花序 4 ～ 18 个，在茎顶呈伞房状；总苞钟状或半球形，总苞片 2 层；花冠淡紫色。瘦果黑褐色。

扩展

藿香蓟原产南美洲中部——你一定猜到了，没错，这又是一种因为人类活动而遍布全球热带、亚热带地区的入侵植物。和所有入侵植物一样，藿香蓟也具备强大的适应能力和繁殖能力，一旦在一个地方完全确立种群优势之后就很难根除，极度影响其他植物生长，所以请不要购买、种植、传播这类物种。所幸根据西双版纳热带植物园的经验，它不是一种完全无法控制的植物。不过，藿香蓟也有独特的价值——它是一种超富集植物，能吸收镉这种有毒元素。科学家们正在积极探索用藿香蓟修复土壤镉污染的可行性，说不定在不久的将来，藿香蓟就会绽放自己的光彩。

▲野菊

野　菊

菊科 > 菊属

Chrysanthemum indicum

描述

多年生草本。茎直立或铺散；中部茎叶羽状半裂、浅裂或分裂不明显而边缘有浅锯齿；头状花序直径 1.5 ～ 2.5 厘米，在茎枝顶端排成疏松的伞房圆锥花序或伞房花序；舌状花黄色，舌片长 10 ～ 13 毫米，顶端全缘或 2 ～ 3 齿。

扩展

重庆的秋天难得有一个阳光灿烂的日子，如果碰上了，一定要去郊外走走。在高低起伏的丘陵间，极有可能遇见大丛大丛盛开的野菊，它们金黄的颜色简直比太阳更耀眼，在阳光的熏烤下还散发着阵阵奇妙的香味。盛开的野菊不仅能震撼踏秋的游人，早在 3000 年前，我们的先祖也一样惊叹于野菊蓬勃的美丽，特意栽培。虽然现代观赏菊花和野菊的亲缘关系很远，但曾经陪伴过我们的野菊，现在也未曾远离。守护好一片山野，野菊会年复一年地给我们带来灿烂的秋天。

▲苦苣菜

苦苣 [jù] 菜

苦苣菜

菊科 > 苦苣菜属

Sonchus oleraceus

描 述

多年生草本。茎直立，高 30 ～ 150 厘米，折断有白色乳汁，花序分枝与花序梗被稠密腺毛；基生叶长椭圆形，羽状裂；头状花序在茎枝顶呈伞房状花序；舌状小花多数，黄色。

扩 展

每一个小朋友都对自然界的各种生物充满了兴趣，比如漂亮的花朵、神奇的萤火虫，再比如蒲公英。如果带孩子去野外，他们通常会热衷于吹散每一朵白色的毛球。不过，虽然玩法相同，但是自然界中能长出白色毛球的植物可是数不胜数，并不只有蒲公英，光是菊科家族中就有好多种。重庆比较常见的是苦苣菜属的苦苣菜（*Sonchus oleraceus*）和苣 [qǔ] 荬 [mǎi] 菜（*Sonchus wightianus*）。两者很相似，区别主要在于苣荬菜的花序分枝部分有毛，苦苣菜全身无毛。

▲泥胡菜

泥胡菜

泥胡菜

菊科 > 泥胡菜属

Hemisteptia lyrata

描 述

二年生草本植物。茎直立，具有纵条纹和白色绵毛，茎中部的叶无柄，羽状分裂，顶端裂片较大，叶背面密被白色绒毛；顶生头状花序，全部为管状花，夏季开紫红色花。

扩 展

也许你已经发现，常见野花中有很多都是菊科植物。它们大多有着“标准”的菊花的样子——外轮有显眼的舌状花，中心是密集的管状花。然而还有另外一类不像菊花的菊花，它们只有管状花，没有舌状花，开起花来像个没有花瓣的绒球，泥胡菜就是其中一种。除了泥胡菜，还有两种菊科植物拥有这种“紫色绒球”：蓟（*Cirsium japonicum*）与刺儿菜（小蓟）（*Cirsium arvense var.integrifolium*）。如何区分这 3 种植物呢？蓟叶片全为羽状裂，裂片边缘呈大锯齿状，针状刺较长；刺儿菜叶片不裂或羽状裂，针状刺较小；泥胡菜叶片没有针状刺，头状花序在茎顶再组成伞房花序。记不住？没关系，先把枯燥的知识放在一边，好好享受野花的美吧。

▲鼠曲草

鼠曲草

菊科 > 鼠曲草属

Pseudognaphalium affine

描述

二年生草本，高 10 ～ 15 厘米。茎直立，密生白色绵毛；叶互生，长 2 ～ 7 厘米，基部下延，两面有灰白色绵毛；头状花序密集生于枝端，小花呈黄色，外围雌花，中央两性花。

扩展

鼠曲草适应力强，广布全国，甚至东南亚地区和日本也有分布。大众可能更熟悉它的俗名“清明菜”——也就是我们制作清明菜粑粑的主要原料之一。人们通常在它还很幼嫩的时候就采摘了，这个状态下的鼠曲草，茎叶上遍布绵密的绒毛，外形很有记忆点。有趣的是，在重庆这样比较温暖的地方，真正到清明节的时候，鼠曲草通常已经开出了一粒粒比绿豆还小的黄色小花，不适合食用了。

▲蒲儿根

蒲儿根

蒲儿根

菊科 > 蒲儿根属

Sinosenecio oldhamianus

描述

二年生或多年生茎叶草本。基部叶在花期凋落；头状花序多数排列成顶生复伞房状花序；舌状花约13枚，黄色，长圆形；管状花多数，花冠黄色；花柱分枝外弯。

扩展

蒲儿根可以算是重庆城区最常见的菊科植物之一。不过，在不开花的时候，它们比较低调，不容易被注意到。与其他很多菊科植物不同，蒲儿根不喜欢阳光暴晒，它们更偏爱有光束洒落的林间。为了更好地收集被枝叶拦截后的斑驳阳光，它们的叶子长成了宽大的心形；而增大的叶面加速了水分的蒸发，所以蒲儿根在湿润的土地上才能良好生长。它们总是在春季集体开花，每到花期，可以把一片树林的地面全部染黄。除了鲜明的颜色，它们还有众多的花粉，从盛开的蒲儿根花丛旁走过总免不了蹭一裤腿的花粉。难怪它们可以广泛分布。

▲千里光

千里光

菊科 > 千里光属

Senecio scandens

描述

多年生攀援草本。茎长 2 ～ 5 米，多分枝；叶卵状披针形或长三角形，长 2.5 ～ 12 厘米；上部叶变小，披针形或线状披针形。头状花序有舌状花，排成复聚伞圆锥花序；舌状花 8 ～ 10 枚，黄色；管状花多数，花冠黄色。

扩展

千里光是一种攀援性的草本植物，它们常常将自己挂靠在其他高大的植物上，或者从崖壁上垂挂下来。秋季，大量明黄色的头状花序开满枝头，远远望去，艳丽夺目，千里光之名或许由此而来。千里光也曾被入药，但是近年来研究发现，千里光属植物含有吡 [pǐ] 咯 [luò] 里西啶 [dìng] 生物碱，这一类生物碱具有肝毒性、肾毒性，并且是强致癌物。

▲翅果菊

翅果菊

菊科 > 莴苣 [jù] 属

Lactuca indica

描述

一年生或二年生草本。茎直立，单生，高 0.4 ～ 2 米，上部圆锥状或总状圆锥状分枝；头状花序多数沿茎枝顶端排成圆锥花序或总状圆锥花序；舌状小花 25 枚，淡黄色。

扩展

山野间各式各样的菊花对普通人来说是美丽灿烂的野花，但对于常被朋友问“这是什么花”的植物爱好者来说近乎于噩梦——它们真的太难区分了。翅果菊也属此列，它开花的时候和黄鹌菜很像，结果的时候又和黄鹌菜、蒲公英很像。那么怎么识别呢？主要看花，黄鹌菜的“花”为明黄色，在枝头顶端呈伞房花序；蒲公英每根花葶只有一朵明黄色的“花”；翅果菊的“花”淡黄色，“花心”深黄色，形成“圆锥花序”。观察植物不可能一蹴而就，唯一的方法只有多走出去、多观察和多记录……

▲菊芋

菊芋

菊芋

菊科 > 向日葵属

Helianthus tuberosus

描述

多年生草本。有块状地下茎及纤维状根。茎高达 3 米，有分枝，被白色糙毛或刚毛。叶对生，卵圆形或卵状椭圆形；头状花序单生枝端，径 2 ～ 5 厘米；舌状花 12 ～ 20 枚；管状花花冠黄色，长 6 毫米。

扩展

菊芋这个名字使人陌生，但如果说到菊芋可食用的地下茎“洋姜”，你或许就会恍然大悟了。我们通常只能在重庆的菜市场或超市见到腌渍好的洋姜泡菜，很少有人见过完整的菊芋块茎，更遑论活着的菊芋植株了。其实，身为向日葵属的一员，菊芋的身材高挑，花也非常美丽。不妨在家里的阳台或院子的边缘栽种一棵，除了可以收获一份自己种植的健康食材之外，还可以观察到从块茎发芽到开花结籽的全过程，何乐而不为呢？

▲马兰

马　兰

菊科 > 紫菀属

Aster indicus

描述

茎直立，高 30 ～ 70 厘米，上部有短毛；基部叶在花期枯萎；头状花序单生于枝端并排列成疏伞房状；舌状花 1 层，15 ～ 20 枚，舌片浅紫色；管状花被短密毛。

扩展

马兰喜欢湿润的环境，常生长在水边或田埂。如果能欣赏到清晨马兰花瓣上的露珠，或是嗅到傍晚夹杂在溽热气息中的一丝花香，都是珍贵的体验。马兰本是常见植物，它的嫩茎在一些地区被当作野菜，比如南京就有“南京三宝”和“七头一脑”之说，人们的栽培使它至今仍广泛分布。但在重庆，少有人吃马兰，这种似乎没什么价值的野草随着城市化进程逐渐减少，安居于远离市民的荒野，偶尔有一两颗种子在公园角落发了芽，也只能开出苍白虚弱的花。城市不光属于人类，希望未来，孩子们的夏天依然有这些紫色的“星星”作伴（*Aster* 之名源自希腊语“星辰”）。

▲蚕茧草

蚕茧草

蚕茧草

蓼 [liǎo] 科 > 蓼属

Persicaria japonica

描述

多年生草本，高达 1 米。茎直立；叶近薄革质，具刺状缘毛；托叶鞘长 1.5 ～ 2 厘米，被平伏硬毛；花单性，雌雄异株；雄花具 8 枚雄蕊，比花被长；雌花雌蕊花柱 2 ～ 3 枚，中下部连合，比花被长。

扩展

蓼科蓼属的植物大多喜湿，常生在河泽两岸，它们通常在比较凉爽的季节开花，如秋季。蓼属植物的花小，一般以花量取胜，若是大片开放也可以有“红蓼渡头青嶂远”的意境。但其实蚕茧草的花在蓼属中算是“大型”的花了——每朵花可以长达 3 毫米。有记载显示，蚕茧草是雌雄异株，雌花和雄花分别开在不同的植株上。但较新的研究认为，蚕茧草或许更像报春花，有雌蕊长度不同的两种花。到底是怎样的呢？感兴趣的话，你也可以自己去观察一下。

▲杠板归

扛板归

扛板归

蓼科 > 蓼属

Persicaria perfoliata

描 述

一年生攀援草本。茎具纵棱，沿棱疏生倒刺。叶三角形，下面沿叶脉疏生皮刺，托叶鞘叶状。花序短穗状，顶生或腋生，花被5深裂，白绿色，花被片椭圆形，果时增大，深蓝色。

扩 展

扛板归也是一种广泛分布的植物，其独特的外形很早就引起了人类的注意，给它起了很多别名：蛇不过、蛇倒退——这么多倒刺，蛇肯定得倒退；贯叶蓼——托叶鞘像一片叶子，茎从中间贯通而出；三角盐酸——叶子是三角形并且有酸味。中文学名“扛板归”源于一个传说：有个人被蛇咬了，大家用门板扛着他抬去看大夫，然后这人路上看到一种藤的叶子是三角形的，很神奇，就吃了几片，结果没一会儿就活蹦乱跳了，自己可以扛着门板回家了，于是“扛板归”这个名字就诞生了。传说归传说，现代医学证明扛板归并无治疗毒蛇咬伤的能力，被咬了还是要尽快就医。它的果子也是山野间颜值最高的那一批，但不知道为什么没人依据果子来取名。

▲火炭母

火炭母

蓼科 > 蓼属

Persicaria chinensis

描 述

多年生草本，高达 1 米。茎直立，无毛，多分枝。叶卵形或长卵形，长 4 ～ 10 厘米，宽 2 ～ 4 厘米，先端渐尖，基部平截或宽心形；头状花序常数个组成圆锥状；花被 5 深裂，白色或淡红色，果时增大；瘦果包于肉质蓝黑色宿存花被内。

扩 展

在重庆最容易见到火炭母的地方就是各种水岸边了。它们常在平缓的滩涂长成一大片，有时就是一片绿油油的叶子，毫不引人注目；但有时，这些叶子上会带有“V”字形的斑纹，白色的、深绿色的、紫红色的或是棕色的，还有复合多种色彩的。蓼科植物中带有这种斑纹的种类不少，究竟为何进化出这样的特征，目前不得而知。不过不管这个色斑对它们的生存有没有助益，适应性强且多花的火炭母都是一种非常“成功”的植物。

▲水蓼

水蓼

水蓼

蓼科 > 蓼属

Persicaria hydropiper

描述

一年生草本，高 40 ～ 70 厘米。茎直立，节部膨大；叶长 4 ～ 8 厘米，边缘全缘，具辛辣味；托叶鞘筒状，膜质，褐色；花被 5 深裂；雄蕊 6 枚，稀 8 枚，比花被短；花柱 2 ～ 3 枚，柱头头状。

扩展

看到水蓼的花和叶，你可能已经觉得头大了："这和其他蓼科植物也太像了吧？"别急，虽然蓼属的很多植物看着都挺像的，但水蓼和它们还是有区别的。除了整体大小、细节部位的颜色不同之外，最重要的区别在两个地方：水蓼叶子有辛辣味；水蓼雄蕊一般是 6 个，比"花瓣"短，而同属的蚕茧草雄蕊一般是 8 个，比"花瓣"长。实际上，水蓼曾是常见的辛辣味调料，有一道菜就是将鱼剖洗干净后将水蓼塞入鱼腹烹饪，去腥提鲜。不过，我们现在已经可以买到很丰富的调料了，不建议大家随意尝试野菜。

▲落葵薯

落葵薯

落葵科 > 落葵薯属

Anredera cordifolia

描述

缠绕藤本植物，长可达数米。叶长 2 ～ 6 厘米，稍肉质；腋生小块茎（珠芽）；总状花序具多花，花序轴纤细，下垂，长 7 ～ 25 厘米；花直径约 5 毫米；花被片白色。

扩展

在重庆，有这样一种常见的植物：它们会出现在老旧城区，也会出现在郊野，有人以为它们是野生“木耳菜”，也有人叫它们“土三七”。它就是落葵薯，一种入侵性极强的外来植物，所以请大家不要随意购买、种植、传播这种植物。落葵薯的入侵性源于极强的繁殖能力，虽有文献记载落葵薯在我国一般不结果，但它们的茎上会长出很多“疙瘩”，这是它们的珠芽，每一个都能成为新植株，甚至一小节断枝都能发芽。落葵薯确实与木耳菜是近亲，它们属于同一个科的不同属，可食用。但我国的落葵薯并不是为了食用引进的，而是从东南亚蔓延过来，可见防范生物入侵是需要全球共同努力的事。

▲ 马鞭草

马鞭草

马鞭草科 > 马鞭草属

Verbena officinalis

描述

多年生草本。茎四棱，节及棱被硬毛；基生叶常具粗齿及缺刻，茎生叶多3深裂，裂片具不整齐锯齿；花冠淡紫或蓝色，裂片5。穗状果序，小坚果长圆形。

扩展

近几年，重庆的一些新公园在修建时会引入马鞭草属的观赏植物，期望打造出夏季的花海景观。但你可知道，我国南方就有原生的马鞭草。马鞭草属植物约250种，广布世界各地，主产地为美洲热带地区，其中马鞭草（*V. officinalis* L.）在我国黄河以南各省均有产出，在欧美国家也是历史悠久的草药。这类与人类相伴良久的植物，一般都会有众多的栽培品种和传说。在欧美传统中，马鞭草属于类似万金油一般的万能药草；在我国，较少听说以马鞭草入药，过去马鞭草因为独特的气味会被用于驱虫，现在的马鞭草主要用于观赏。

▲马缨丹

马缨丹

马鞭草科 > 马缨丹属

Lantana camara

描述

灌木或蔓性灌木，高可达 2 米。茎枝常被倒钩状皮刺；叶长 3 ～ 8.5 厘米，上面具皱纹及短柔毛；花序径 1.5 ～ 2.5 厘米；花萼管状，具短齿；花冠黄或橙黄色，花后深红色。

扩展

马缨丹一丛花序之中常会有多种颜色，所以也叫作“五色梅”。这花不仅颜色丰富，产蜜量也不少，而且当环境适宜时，花期也极长，非常适合作为观赏植物与蜜源植物，于是被尝试性地引入国内。结果你也一定能猜到了，多花通常意味着多籽，也就意味着强大的繁殖能力，有极高的风险成为入侵植物。马缨丹也“不负众望”地成为入侵植物的一员。同大多数入侵植物一样，马缨丹不光繁殖能力和适应性强，而且在我国还没有天敌——它们全身都散发着刺激性的臭气，还有毒性，没有什么动物爱吃它们。所幸由于气候原因，它们在重庆暂时还没有成灾，但仍需要引起我们的警惕，请勿购买、种植、传播。

▲土人参

土人参

土人参

马齿苋 [xiàn] 科 > 土人参属

Talinum paniculatum

描述

一年生或多年生草本。根皮黑褐色，横断面乳白色。茎肉质，基部近木质；叶互生或近对生，稍肉质；圆锥花序顶生或腋生，常二叉状分枝；萼片紫红色，早落；花瓣粉红或淡紫红色。

扩展

首先声明，土人参和人参没有关系，也不具有人参的药效。虽说不是人参，但土人参确实是可食用的野菜，嫩茎叶都可以吃，根部也有类似人参的气味。近些年也开始有人栽培这种植物并出售。但土人参草酸含量高，不宜多吃。在重庆少见有人吃土人参，这也给了我们继续在城市里见到它们的机会。土人参虽然名字听起来很乡土，但却是从热带美洲过来的外来植物，且生存繁衍和扩散能力强，具有一定的入侵性，需要引起警惕，请勿购买、种植、传播。

▲野老鹳草

野老鹳 [guàn] 草

野老鹳草

牻 [máng] 牛儿苗科 > 老鹳草属

Geranium carolinianum

描 述

一年生草本，高 20 ～ 60 厘米。茎直立或仰卧，单一或多数；基生叶早枯，茎生叶互生或最上部对生；叶片掌状 5 ～ 7 裂近基部；花序腋生和顶生，长于叶；花瓣淡紫红色，稍长于萼；雄蕊稍短于萼片；雌蕊稍长于雄蕊。

扩 展

“野老鹳草”之名或许与它们的果实形态有关，这种植物的果实特别像一个长着长嘴的鸟头。在很多人的印象中，这是一种从小就见得到的乡土植物，但其实野老鹳草原产于北美洲，在我国最早登陆华东沿海，之后逐渐向内陆扩张，现在从西南到东北都有分布。它们喜欢生长在人为干扰比较严重的环境，荒地、田间以及城市中的绿化带和公园，这些地方都容易找到它们。野老鹳草能够传遍全国，与它们种子的传播方式有关，果实在“嘴尖”的部位是合生的，果瓣可以从“鸟头”往“嘴尖”的方向打开，把藏在“鸟头”里的种子弹射出去，如果有机会见到可以仔细观察一下哦。但是，请注意野老鹳草是入侵物种，请勿购买、种植、传播。

▲还亮草

还亮草

毛茛 [gèn] 科 > 翠雀属

Delphinium anthriscifolium

描述

一年生草本，茎高达 78 厘米。茎无毛或上部疏被反曲柔毛；2 ～ 3 回近羽状复叶，或三出复叶；总状花序具 2 ～ 15 枚花；花长 1 ～ 2.5 厘米；萼片堇色或紫色，长 6 ～ 11 毫米；“距”长 5 ～ 15 毫米；花瓣顶部宽。

扩展

每到春夏，还亮草的蓝紫色小花就会绽放在林下的阳光斑驳处。花朵太小，紫色又稍显幽暗，如果走马观花行色匆匆，大概率会忽视这一抹眼角余光中的紫影，那可是大损失。毛茛科盛产“美人”，大多为花叶俱美的林中“仙草”，而还亮草所在的毛茛科翠雀属，以花后的“距”和艳丽的蓝紫色为特征，形如一只只蓝色小鸟。靠近观察还亮草，会发现它枝叶潇洒、花朵轻灵，令人过目不忘。

▲原拉拉藤

原拉拉藤

茜 [qiàn] 草科 > 拉拉藤属

Galium aparine

描述

多枝，蔓生或攀援状草本，高达 90 厘米。茎有 4 棱，棱上、叶缘、叶中脉均有倒生小刺毛。叶纸质或近膜质，近无柄，4 ～ 8 片轮生，先端有针状凸尖头；聚伞花序腋生或顶生。花 4 数，花梗纤细；花萼被钩毛；花冠黄绿或白色，辐状，裂片长圆形，长不及 1 毫米，镊合状排列。

扩展

原拉拉藤藤蔓蜿蜒，清秀的叶子沿节轮生，茎上有小倒刺，略微割手，因此被称为“拉拉藤”。原拉拉藤有多个极相似的变种，它们都可作牛、马的饲料，但给猪吃会导致猪生病。因此，它还得了个滑稽的名字——猪殃殃。

▲蛇莓

蛇　莓

蔷薇科 > 蛇莓属

Duchesnea indica

描述

多年生草本。匍匐茎多数；小叶有钝锯齿，小叶柄被柔毛；花单生叶腋，花瓣倒卵形；雄蕊多枚；心皮多数，离生；花托在果期膨大，海绵质，鲜红色。

扩展

说到蛇莓，许多人马上就想到民间传说里这种植物是“蛇爬过的”“蛇才吃的”“蛇的口水变成的”……传说充满传奇色彩甚至有点离奇，蛇当然不可能用口水变出一棵鲜活的植物，倒是第一个说法可能更接近事实——蛇莓与某些蛇的生活环境重叠。即使如此，蛇莓也绝不会因为被蛇爬过就染上毒液——毒液可是很珍贵的。许多小朋友会以为这是野草莓——它们确实跟草莓有一些亲缘关系，果的结构也类似——蛇莓和草莓极为相似，那鲜红诱人的部分并不是它真正的果，而是它生长果实的“底座”，真正的果实是“底座”上的那些“小点”。

▲白英果实和梅的花朵

白　英

茄科 > 茄属

Solanum lyratum

描　述

草质藤本，全株被毛。叶椭圆形或琴形，全缘或 3 ～ 5 深裂，裂片全缘；圆锥花序顶生或腋外生；花冠蓝紫或白色；花药长于花丝，花柱无毛。浆果球状，红黑色。

扩　展

白英的果子在枝头可以从秋天一直挂到春节前，每一颗都有黄豆大小，半透明的红艳剔透，还能隐约看到里面蕴藏的浅色种子，正像枝头的一串串瓔珞。但这诱人的果子是给其他动物准备的，对于人有一定的毒性，我们还是老老实实用眼睛去“品尝”好了。除了果实，白英夏季开放的花也很美，星形的小花簇生在一起，有蓝紫色和白色或两者之间的渐变色，就像长在藤上的鸳鸯茉莉，非常值得一看。

▲龙葵

龙　葵

茄科 > 茄属

Solanum nigrum

描　述

一年生直立草本。茎无棱或棱不明显，绿色或紫色。叶卵形先端短尖，全缘或每边具不规则的波状粗齿。花序腋外生，萼浅杯状；花冠白色，5 深裂；花丝短，花药黄色，子房卵形，柱头小。浆果球形，熟时黑色。

扩　展

“龙葵”是一种常见又低调的植物。虽然外形不够有特点，但龙葵也有自己的本事。生在茄科大家族，龙葵顺理成章地成为“用毒高手”，使宵小不敢冒犯。可能有人有吃过龙葵果子而未中毒的经历，那只能说运气好：龙葵成熟的浆果和叶子均可食用，但未熟果及嫩叶子含有大量生物碱，经久煮仍具毒性，传统食用时必须借由多次换水减毒。所以还是不要随意食用野果了。

▲酸浆

酸　浆

茄科 > 酸浆属

Physalis alkekengi

描 述

多年生草本，高达 80 厘米。茎被柔毛；叶长 5 ～ 15 厘米，全缘波状或具粗牙齿；花萼宽钟状；花冠辐状，径 1.5 ～ 2 厘米；宿萼卵圆形，薄革质，网脉明显，纵肋 10 条，橙或红色；浆果橙红色。

扩 展

酸浆分布广泛，每到夏季，结满火红小果的酸浆就像在枝头挂上了星星点点的灯笼一样。这样美丽的果实必然会引来人们的关注，"红姑娘""挂金灯""泡泡草"等别名即由此而来。有些人鼓起勇气尝了一口它的果实，酸中带甜，于是又被取名为"酸浆"。与酸浆同属的还有数种植物，其中有两种比较为大众熟悉——毛酸浆（*Physalis pubescens*）与灯笼果（*Physalis peruviana*），这两种植物结的果实是黄色的，外层的"灯笼"——宿存萼片浅色略有透明感，它们的果实更甜，没什么酸味，偶尔在超市或集市上都能买到。

▲攀倒甑

攀倒甑

忍冬科 > 败酱属

Patrinia villosa

描 述

多年生草本。根茎长而横走；基生叶丛生，茎生叶对生；聚伞花序组成圆锥花序或伞房花序，分枝 5 ～ 6 级；花冠钟形，白色；雄蕊 4 枚，伸出。瘦果倒卵圆形。

扩 展

“败酱”之名来源于它们独特的气味——根、茎、叶揉碎有陈腐的臭味，据说煮的时候还会有浓烈的脚臭味，又像是放坏了的酱，故而得名。如果不伤害败酱的话，其长相还是很小清新的，花还有一点点香味。败酱属植物在我们身边常见的一般就是黄花的败酱本种和白花的攀倒甑了。二者皆为传统草药医学会入药的植物，现代医学也一直在研究它们的药用价值，但还没有有效的运用。对于普通人来说，它们只是另一种越来越少的乡土植物，如果有机会见到可要多多观察哦。

▲蕺菜

蕺[jí]菜（折耳根）

三白草科 > 蕺菜属

Houttuynia cordata

描述

多年生草本。茎下部伏地，上部直立；叶密被腺点，下面常带紫色；穗状花序顶生或与叶对生，基部多具4片白色花瓣状苞片；花小，雄蕊3枚，长于花柱，花丝下部与子房合生，花柱3枚，外弯。

扩展

蕺菜在我国西南地区被称为折耳根，是常吃的野菜；在其他地区被冠以“鱼腥草”等别名，可见这些地区人们对它的厌恶。为何偏偏西南地区的人民爱这种有特殊气味的植物呢？有种猜想认为，古时西南地区耕地较少又伴有战乱和灾荒，而山野中蕺菜生长茂盛，人们在长期吃野菜的过程中慢慢喜欢上了这种植物。这里猜想是否成立暂且不论，但蕺菜适应性强且分布广泛却是真的。它们可以利用自身的分泌物促进土壤微生物的生长，调节土壤肥力；极度缺水时，还可以把糖分转化为纤维素和水，给自己补充水分，同时口感也会因此变老。

▼野胡萝卜

野胡萝卜

野胡萝卜

伞形科 > 胡萝卜属

Daucus carota

描述

二年生草本。基生叶长圆形，二至三回羽状全裂；茎生叶近无柄，小裂片细小；复伞形花序，叶状总苞片多数，羽裂；花白色，有时带淡红色；果圆卵形，棱有白色刺毛。

扩展

“野胡萝卜”不是“野生的胡萝卜”，而是胡萝卜的祖先，是胡萝卜的原生种。我们现在吃的胡萝卜是经过无数代栽培选育之后的“变种野胡萝卜”。虽然跟胡萝卜有所不同，但野胡萝卜一样有膨胀的肉质根，或许人们最开始就是看中了这种植物适应性强又有强大的营养储存器官才选育栽培它们的吧。伞形科植物大多有独特的气味、羽状分裂的叶子，这些特征野胡萝卜也都有，当然标志性的复伞形花序也是具备的。野胡萝卜的小花一般是白色的，有时也会出现浅粉色。有趣的是，这片“蕾丝花边”的中心经常会有一朵深红色的小花。应该注意的是该物种是入侵物种，请勿购买、种植、传播。

▲窃衣

窃　衣

伞形科 > 窃衣属

Torilis scabra

描　述

一年或多年生草本。全体有贴生短硬毛。叶二回羽状分裂；复伞形花序，总苞片通常无，伞辐2～4，粗壮，有纵棱及向上紧贴的粗毛。果实长圆形。

扩　展

"窃衣"这个名字的由来非常有趣，据考证，"窃"字曾有"亲近"的意思，所以说窃衣喜欢亲近人的衣服，你也可以把这个名字理解为它喜欢"偷偷地"黏在你的衣服上——相信很多人都有去一趟野外被偷偷黏了一身植物种子的经历。窃衣这样做当然不是为了"亲近"或者"调皮"，而是为了传播种子。由结果可知，这种方式相当高效——窃衣在我国几乎整个南方都有分布。人们也很早就注意到了这一类能黏附在毛皮和衣服上的果实，并据此发明了现在非常实用的魔术贴。

▲垂序商陆

▲商陆

垂序商陆（美洲商陆）

商陆科 > 商陆属

Phytolacca americana

描述

多年生草本。茎圆柱形，有时带紫红色；叶椭圆状卵形或卵状披针形；总状花序顶生或与叶对生；花白色，微带红晕，花被片 5 枚，雄蕊、心皮及花柱均为 10 枚；果序下垂，浆果扁球形，紫黑色。

扩展

盛夏时节，我们常能在郊外或农村看到一种半人高的大型草本，紫红的茎、柔软的大叶子，多半还挂着一串串紫红发黑的浆果，颇有几分颜值，这就是垂序商陆——得名于它们下垂的果序。因为原产自北美，又叫“美洲商陆”。同属的本土植物“商陆”现在反倒不常见了，这二者非常相似，区别在于垂序商陆果序下垂，商陆果序直立；垂序商陆浆果成熟后饱满近似球形，商陆浆果成熟后仍然分成数瓣，形如南瓜。许多孩子爱玩垂序商陆的紫黑色浆果，然而需要注意的是，垂序商陆可是全株有毒！在野外玩一定不要误食哦。而且本物种是入侵物种，请勿购买、种植、传播。

▲荠菜

荠[jì]菜

荠菜

十字花科 > 荠属

Capsella bursa-pastoris

描述

一年或二年生草本。基生叶丛生呈莲座状，大头羽状分裂；茎生叶窄披针形或披针形，边缘有缺刻或锯齿；总状花序顶生及腋生，花瓣白色，卵形，有短爪。短角果倒三角形或倒心状三角形，扁平。

扩展

每年开春，重庆人就开始跃跃欲试要去寻找各种野菜了。除了折耳根、蕨菜外，另一种比较常见的野菜就是荠菜。人们爱荠菜，除了爱它们在冷凉气候下生长所带来的鲜嫩之外，也爱它们属于十字花科植物的那种特殊风味。这个科占据了我们冬春季餐桌的半壁江山，它们的大部分种类或多或少含有一些含硫化合物，造就了独特的味觉（嗅觉）体验。与它们的同族植物相比，荠菜胜在更“野（浓）”的风味，还有一点点仪式感——在农业高度发达的今天，也唯有这些野菜还在遵照着时令生长，对荠菜的记忆，其实就是对春天这个万物复苏的季节的记忆。

▲碎米荠

碎米荠

十字花科 > 碎米荠属

Cardamine hirsuta

描 述

一年生小草本，高 15 ~ 35 厘米。茎直立或斜升；基生叶具叶柄，有小叶 2 ~ 5 对；茎生叶具短柄，有小叶 3 ~ 6 对，多数全缘；总状花序生于枝顶，花小，直径约 3 毫米；长角果线形，稍扁。

扩 展

碎米荠也是分布广泛的植物，在城市里，或许比荠菜更容易被找到。它们株形矮小，叶和花都不算很有特色，生在墙角石壁，非常低调。不过，如果你曾用好奇的目光打量过周围的一草一木，你就一定会记得碎米荠的果实——虽然你可能完全没想到那是果实。碎米荠最大的特点就是它们细棍一样的果实，那么细，很难想象里面还包藏着一粒粒完整的种子；顶端还有个断口，看起来更像是花落之后剩下的花梗，靠着这样细碎的种子，它们得以遍布城市的各个角落。

▲葱莲

葱 莲

石蒜科 > 葱莲属

Zephyranthes candida

描述

多年生草本。鳞茎卵形；叶线形，肥厚，长 20 ～ 30 厘米；花茎中空，单花顶生；花白色，外面稍带淡红色，几无花被筒；花被片 6 枚，雄蕊 6 枚，长约为花被的 1/2；花柱细长，柱头 3 凹缺。

扩展

葱莲是许多人的童年记忆之一，以前几乎每个养花的邻居家里都会栽一盆葱莲或同属的韭莲。它们不开花的时候真的很像葱和韭菜，虽然这个“葱”的叶子是实心的。不过他们长这么像是有原因的，葱莲、韭莲、葱、韭菜都来自石蒜科大家族。这个科的植物都有葱头般的鳞茎、丛生的叶子和六瓣的花，而且大多有毒或者有刺激性的气味作为防御。葱莲是其中对城市环境适应比较好的物种，不怕重庆的酷暑这一点尤其难得，因此在很多公园或者花坛里都能见到。

▲繁缕

繁缕 [lǚ]

石竹科 > 繁缕属

Stellaria media

描 述

一至二年生草本。茎多分枝；叶卵形，全缘；聚伞花序顶生，或单花腋生；花瓣 5 片，短于萼片，2 深裂近基部；雄蕊 3 ～ 5 枚，短于花瓣，花柱短线形。

扩 展

早春的一些开阔土地上，常有各种野花争相开放，比如一大片嫩绿色的草垫子上点缀着的星点状小白花，这有可能就是繁缕、鹅肠菜或者球序卷耳的其中一种。“繁缕”之名来源于它们有弹性的维管束，也就是“筋”，李时珍在《本草纲目》中对繁缕的介绍是“此草茎蔓甚繁，中有一缕，故名”，说的就是繁缕茎中间的组织。仔细观察一下，这些“白色小星星”看起来有 10 片花瓣——其实是 5 片各自深裂成 V 字形的花瓣。如果花瓣短于花萼，叶上几乎无毛的话，基本可以确定是繁缕；如果花瓣长于花萼，则可能是牛繁缕（鹅肠菜）。

▲球序卷耳

球序卷耳

石竹科 > 卷耳属

Cerastium glomeratum

描述

一年生草本，高达 20 厘米。茎密被长柔毛；下部叶匙形，上部叶倒卵状椭圆形，两面被长柔毛，具缘毛；聚伞花序密集成头状，花序梗密被腺柔毛；萼片 5 枚，密被长腺毛；花瓣 5 枚，先端 2 裂；花柱 5 枚。

扩展

在早春草垫的“白色小星星”中，除了繁缕和鹅肠菜外，另一类比较常见的就是卷耳和球序卷耳了。与繁缕相比，球序卷耳有两个明显不同的地方：繁缕的花瓣裂到底端，像 V 字形，球序卷耳花瓣浅裂，看起来仍然是 5 瓣花瓣；繁缕几乎无毛，球序卷耳则全身都是毛茸茸的。作为几种广布的早春野草，它们都是食草动物喜爱的食物，在农村常被割来喂养家禽家畜，也有人会为了调剂口味将其摘来当作野菜吃。而它们则依靠强大的繁殖能力，在短暂的一生中结出大量种子，一直繁衍至今。

▲与麦冬相似但又有区别的山麦冬

麦　冬

天门冬科 > 沿阶草属

Ophiopogon japonicus

描 述

多年生常绿草本，株高 12 ～ 40 厘米；根状茎粗壮，有细长的匍匐茎、须根，须根先端或中部常膨大成纺锤形；狭线形叶片丛生；总状花序顶生，紫色或白色花；球形浆果，成熟时为蓝黑色。

扩 展

或许很多人是从药店听说麦冬这种植物的，它们膨大的纺锤形小块根常被晾干了出售，一颗颗像米色的葡萄干。麦冬是高颜值的原生观赏植物，常被作为地被植物，种植在那些既阴暗又需要绿化的裸露地面。麦冬的叶子细长飘逸，在我国古代，与同属的沿阶草一样，常被种植在假山、阶梯旁，又被叫作“书带草”。在春夏之季，它们的叶丛之间会长出“娇羞”的花葶，倒垂着或白或紫的小花。而在深秋，花葶垂下，将一颗颗蓝宝石珠子一样的果实藏在叶丛里。

▲通泉草

通泉草

通泉草科 > 通泉草属

Mazus pumilus

描 述

一年生草本，高 3 ～ 30 厘米。本种在体态上变化幅度很大，茎 1 ～ 5 枝或有时更多，直立，上升或倾卧状上升，节上常生不定根。总状花序生于茎、枝顶端；花通常 3 ～ 20 朵；花冠白色、紫色或蓝色，长约 10 毫米，上唇裂片卵状三角形，下唇中裂片较小，稍突出，倒卵圆形。

扩 展

“通向泉水的草”？通泉草的名字或许有些名副其实。通泉草喜欢生活在潮湿的草地、沟渠或低洼地，这些地方附近常常有泉水水源，或许古人也真的曾依靠通泉草来寻找打井的位置。仔细观察通泉草的花，会发现它结构精美，花冠筒状分上下两部分，上唇小，下唇大而带有漂亮的黄色花纹。通泉草总是在早春抓紧一年中的第一缕温暖，集体开花，依靠精巧的唇瓣吸引昆虫停靠和传粉。这样做效率很高，使它们遍布我国大部分湿润、半湿润地区。

▲接骨草

接骨草

五福花科 > 接骨木属

Sambucus javanica

描述

高大草本或半灌木，高 1 ～ 2 米。茎有棱条，髓部白色；小叶 2 ～ 3 对，互生或对生；顶生小叶有时与第一对小叶相连；复伞形花序顶生，分枝 3 ～ 5 出；杯形不孕性花不脱落，可孕性花小；花冠白色，花药黄色或紫色；果实红色，直径 3 ～ 4 毫米。

扩展

在山野间行走的时候，有时会闻到一股莫名的恶臭。这个时候，只要“茫然四顾”，多半会发现附近有这种高大的草本植物。由于这个原因，接骨草也被叫作“臭草”。它的臭味来自枝叶中的氰化物毒素，不过不用紧张，接骨草中的氰化物含量很少，只是闻一闻是没有任何问题的。但新鲜接骨草的臭味与路上闻到的那种有明显的区别，或许是接骨草的残枝枯叶经过发酵才会有那种味道吧。虽然接骨草叶子很臭，可它们的花却很小清新，凑近闻还有一种香甜的味道，花间散布着一些黄色的“蜜杯”，引来大量蚂蚁进进出出。

▲空心莲子草

空心莲子草

苋 [xiàn] 科 > 莲子草属

Alternanthera philoxeroides

描述

多年生草本。茎匍匐，上部上升；叶长圆形至倒卵状披针形；头状花序具花序梗，单生叶腋；白色花被片长圆形，花丝基部连成杯状，子房倒卵形，具短柄。

扩展

空心莲子草又叫喜旱莲子草。这种植物可能在很多人的童年里都出现过，然而它们却是地地道道的外来入侵物种。喜旱莲子草其实喜欢的是水，可以完全扎根在浅水底，靠中空的茎提供浮力，让叶子在水面上接收阳光。它们分枝能力惊人，常常能在靠岸的水面上覆盖大片区域，使其下方的其他植物难以生长。同时，它们也能适应陆地上的生活，所以才叫喜旱莲子草。喜旱莲子草繁殖力和生命力都很强，自从引入我国后就开始大面积地传播，成了入侵物种，所以请大家不要购买、种植、传播。

▲青葙

青葙 [xiāng]

苋 [xiàn] 科 > 青葙属

Celosia argentea

描 述

一年生草本，高达 1 米，全株无毛。叶长 5 ～ 8 厘米；塔状或圆柱状的穗状花序不分枝，长 3 ～ 10 厘米；花被片长圆状披针形，花初为白色顶端带红色，或全部粉红色，后白色；花药紫色；花柱紫色。

扩 展

青葙也叫作“野鸡冠花”，是我们现在栽培的园艺鸡冠花的直系祖先。作为鸡冠花的原生形态，青葙的颜值在野花界仍然属于第一梯队，紫红色或近白色的穗状花序生长在高大的枝头上，极为吸睛。但当然不是为了吸引人类的眼睛，而是为了吸引昆虫来传粉。青葙大多数的花朵在枯萎时都会结出 3~4 粒种子，而一个花序有多少朵花，一整株青葙又能结出多少种子呢？青葙细小的种子很有意思，表面乌黑油亮，形状是个稍扁的半球形，有点儿像放大镜的镜片，如果见到一定要观察一下。不过，青葙属于入侵物种，请大家不要购买、种植、传播。

▲打碗花

打碗花

旋花科 > 打碗花属

Calystegia hederacea

描述

一年生草本，高达 30 ～ 40 厘米。全株无毛。茎平卧，具细棱。茎上部叶三角状戟形；花单生叶腋，苞片 2 枚，包被花萼，宿存；花冠漏斗状，浅粉色，长 2 ～ 4 厘米。蒴果卵圆形，长约 1 厘米。

扩展

重庆的农田里常能见到开淡粉色喇叭花的植物，孩子们通常会以为那就是牵牛花，有时也会直接叫它“喇叭花”。但如果他们拿着花回家的话就会被家长斥责，说玩了这种花手会抖，会把碗打破，叫他们赶紧扔掉。他们遇见的很有可能是打碗花。其实打碗花确实具有毒性，主要集中在根、茎中，不过只要不生吃就没问题，有些地区还会用它们富含淀粉的根状茎加工成食品。还有一种与打碗花极相似的田旋花（*Convolvulus arvensis*）。其实旋花科植物的花都挺像，主要区别在于打碗花有两个硕大的苞片，像一对贝壳或两只碗；田旋花的苞片则非常不发达。

▲牵牛

牵　牛

旋花科 > 虎掌藤属

Ipomoea nil

描述

一年生缠绕草本。茎上被倒向的短柔毛；叶深或浅的 3 裂，偶 5 裂；花腋生，单一或通常 2 朵着生于花序梗顶；苞片线形或叶状；花冠漏斗状，长 5～8（10）厘米，蓝紫色或紫红色；雄蕊及花柱内藏；雄蕊不等长。

扩展

牵牛在我国分布也是很广泛的，不过在重庆稍微比打碗花和田旋花难见到一点。牵牛与前两者的主要区别，一是在于牵牛的花朵更大，颜色更浓郁；二是苞片不甚发达，呈线形；三是牵牛叶子深裂，呈三裂掌状，也是因为这个叶子，牵牛所在的属叫作虎掌藤属。有没有觉得这个叶子特别眼熟呢？没错，菜市场卖的“红苕尖”就来自这个家族。牵牛也属于入侵物种，所以请大家不要购买、种植、传播。

▲鸭跖草

鸭跖 [zhí] 草

鸭跖草科 > 鸭跖草属

Commelina communis

描述

一年生披散草本。茎匍匐生根，多分枝，长达 1 米，下部无毛，上部被短毛；叶长 3 ～ 9 厘米；总苞片佛焰苞状，与叶对生，折叠状；聚伞花序，下面一枝有 1 花，不孕；上面一枝具 3 ～ 4 花，几不伸出总苞片；花瓣深蓝色。

扩展

其实鸭跖草并没有哪一部分长得像鸭子，“跖”有踩踏的意思，或许因为鸭跖草生在水边，常被鸭子踩踏，才得了这个名字。在重庆这样的低海拔地区，大多数植物的花一般都是红紫橙黄白这几种颜色，我们常说的“姹紫嫣红”即是因此而来。众多的花中，真正的蓝色花是非常稀少的。所以可想而知，当随处可见的鸭跖草在秋天绽放如此罕见的蓝色时，给了古人多么新奇的体验。这样颜色的花也必然会引起人们的注意，从很早开始，就有人用鸭跖草的花来染指甲。不过鸭跖草也不一定都是蓝色的，偶尔也会出现白色花的个体，可以留意一下。

▲地锦苗

地锦苗

罂粟科 > 紫堇 [jǐn] 属

Corydalis sheareri

描述

多年生草本，高达 40 ～ 60 厘米。根状茎粗，具顶芽，叶基宿存；茎上部分枝；基生叶数枚，具长柄；上部叶二回羽状全裂，中上部具深圆齿；茎生叶数枚，互生，与基生叶同形；上花瓣背部具短鸡冠状突起，超出瓣片先端；距圆锥形，顶端极尖，较瓣片长 1.5 倍；下花瓣长 1.2 ～ 1.8 厘米，背部鸡冠状突起，伸出花瓣。

扩展

紫堇属植物是重庆春天最常见的野花之一，也是颜值第一梯队的成员。基本上，只要开着一串带“管子”的小花，叶片柔嫩又有漂亮的轮廓的，极大可能是紫堇属植物。这个属的花主要有紫色和黄色两种色系，习惯上分别称为紫堇和黄堇。不过，虽然家庭特征很明显，要辨认到种却是非常困难的，有兴趣的话可以对照图片的形态描述看看，更轻松的做法是，知道它是紫堇的一种，然后欣赏它的美即可。

▲小花黄堇

小花黄堇

罂粟科 > 紫堇属

Corydalis racemosa

描述

从生草本，高达 50 厘米。茎具棱；茎生叶具短柄，叶二回羽状全裂；总状花序长 3 ～ 10 厘米，多花密集；花冠黄或淡黄色，外花瓣较窄，无鸡冠状突起，上花瓣长 6 ～ 7 毫米；距短囊状。

扩展

小花黄堇是重庆最容易见到的黄色紫堇属植物之一，虽然常见，却因为花比较小而不容易被注意到。不过，如果仔细嗅闻，你或许偶尔会在早春踏青的时候，闻到一种闷闷的又很淡的味道，这个时候你在路边找找，就很有可能会有这种植物啦。

▲紫堇

紫 堇

紫堇

罂粟科 > 紫堇属

Corydalis edulis

描 述

一年生草本。茎分枝，花枝常与叶对生；叶具长柄，一至二回羽状全裂；总状花序具 3 ～ 10 花；花冠粉红或紫红色，外花瓣较宽，先端微凹；上花瓣距圆筒形，约花瓣 1/3；下花瓣近基部渐窄；内花瓣具鸡冠状突起。

扩 展

紫堇也是重庆早春特别常见的紫堇属植物之一，它们常常和地锦苗散布在同一片区域，你一丛我一丛的，不仔细观察还真会以为是同一种植物。然而只要稍微认真观察就会发现它们的区别：地锦苗花序上有 10 ～ 20 朵，紫堇一般 3 ～ 10 朵；地锦苗的“距”尖、细而长，紫堇的“距”短、粗而圆；地锦苗叶子的裂片圆润，紫堇叶子的裂片则比较尖，像小牙齿。常有人把紫堇属植物叫作断肠草，虽然它们并不都有毒性，但大部分紫堇属植物确实含有多种生物碱，要注意不要误食。

▲凤眼莲

凤眼莲

雨久花科 > 凤眼莲属

Eichhornia crassipes

描述

浮水草本。须根发达，长达 30 厘米；茎极短，具长匍匐枝；叶基生，莲座状排列；叶柄中部膨大成囊状或纺锤形；穗状花序常具 9 ～ 12 花；花被片裂片 6 枚，紫蓝色；上方 1 裂片较大，四周淡紫红色，中间大花瓣的中央有 1 黄色圆斑；雄蕊 6 枚，3 长 3 短。

扩展

凤眼莲得名于它们上方花瓣的漂亮眼状斑纹，也是大名鼎鼎的水葫芦。这又是一个因为人类的不当引进导致生物入侵的悲剧，所以大家请勿购买、种植、传播水葫芦。在凤眼莲的“老家”亚马孙河流域，它只是一种要与众多对手、天敌互相制约的普通植物，为了在竞争激烈的热带雨林水域生存下来，它有了强大的生长和繁殖能力。然而一旦被引入其他温暖地区，失去了各种竞争与制约，它便开始堵塞河道、遮蔽水体、破坏生态，也妨碍人的活动。为了减小凤眼莲所带来的损失，人们正在积极开发它的各种用途。

▲蝴蝶花

蝴蝶花

蝴蝶花

鸢尾科 > 鸢尾属

Iris japonica

描述

直立根状茎的节间密；横走根状茎细，节间长；叶基生，剑形，长20～60厘米；花茎有5～12侧枝，顶生总状圆锥花序；花淡蓝色或蓝紫色；外花被裂片有黄色斑纹，有细齿，中脉有黄色鸡冠状附属物；内花被裂片长2.8～3厘米；花柱分枝扁平，顶端裂片深裂成丝状。

扩展

蝴蝶花也是重庆野花中的颜值担当之一了，而且它的花不仅漂亮，还特别“聪明”呢。这要从它所属的鸢尾属大家族讲起。鸢尾属的花非常有特色，看起来都有3种不同的“花瓣”，每种各有3片。实际上，最中心的3片“花瓣”是它们特化的雌蕊，与带斑纹的外花被裂片形成一个强迫昆虫钻进去的“管道”，借此授粉。

▲紫茉莉

紫茉莉

紫茉莉科 > 紫茉莉属

Mirabilis jalapa

描 述

一年生草本。茎多分枝，节稍肿大；叶卵形或卵状三角形；花常数朵簇生枝顶，总苞 5 裂；花被筒高脚碟状，檐部 5 浅裂，午后开放，有香气，次日午前凋萎。

扩 展

紫茉莉不是“紫色的茉莉”，也不是被人传唱的茉莉花，但紫茉莉却曾经是人人都爱玩的“玩具”，从它众多的别名可以得到证实：“晚饭花”——它总是在傍晚开放；“白粉花”——种子可以用来做白色的粉底；“胭脂花”——花朵可以用来染指甲；小孩们还会把它做成耳环……虽然受到广泛的喜爱，但紫茉莉的原生地在美洲。它何时传入我国已难以考证，不过至少在《红楼梦》中已经有了用紫茉莉花籽做粉底的记述。时至今日，城市居民已经不再需要这个“玩具”，而它也早已归化，默默地生活在我们身边。紫茉莉属于入侵物种，所以请勿购买、种植、传播。

主要参考资料

[1]《中国植物志》，中国科学院中国植物志编辑委员会，科学出版社，2004.

[2] 中国自然标本馆，www.cfh.ac.cn，中科院植物研究所，上海辰山植物园 .

[3]《中国植物志》在线版，frps.iplant.cn，中国科学院《中国植物志》编委会 .

按花色快速索引 Index

红色、橙色至黄色

疏头过路黄 23

临时救 25

酢浆草 41

天蓝苜蓿 49

旱金莲 55

元宝草 61

凹叶景天 67

黄鹌菜 77

野菊 81

苦苣菜 83

鼠曲草 87

蒲儿根 89

千里光 91

翅果菊 93

菊芋 95

马缨丹 111

蛇莓 121

小花黄堇 167

绿色或难以辨认

葎草 45

扛板归 101

蓝色、紫色至紫红色

阿拉伯婆婆纳 27

风轮菜 29

活血丹 31

夏枯草 33

紫花香薷 35

益母草 37

紫苏 39

红花酢浆草 43

按花色快速索引 Index

野豌豆 51

凤仙花 53

七星莲 63

长萼堇菜 65

半边莲 69

铜锤玉带草 71

藿香蓟 79

泥胡菜 85

马鞭草 109

马缨丹 111

土人参 113

还亮草 117

白英 123

麦冬 149

通泉草 151

青葙 157

牵　牛 161

鸭跖草 163

地锦苗 165

紫堇 169

凤眼蓝 171

蝴蝶花 173

紫茉莉 175

火炭母 103

野老鹳草 115

水蓼 105

马兰 97

白色或近似白色

白车轴草 47

中华栝楼 57

虎耳草 59

一年蓬 73

鬼针草 75

马兰 97

蚕茧草 99

火炭母 103